Ernst Klapp · Wilhelm Opitz von Boberfeld

Kräuterbestimmungsschlüssel für die häufigsten Grünland- und Rasenkräuter

Blackwell Wissenschaft

Ernst Klapp
Wilhelm Opitz von Boberfeld

Kräuterbestimmungsschlüssel für die häufigsten Grünland- und Rasenkräuter

Zur Ansprache im blütenlosen Zustand

3., durchgesehene Auflage
Mit 265 Abbildungen

Blackwell Wissenschafts-Verlag Berlin · Wien 1995
Oxford · Edinburgh · Boston · London · Melbourne · Paris · Yokohama

Blackwell Wissenschafts-Verlag GmbH
Kurfürstendamm 57, D-10707 Berlin
Feldgasse 13, A-1238 Wien

Blackwell Science Ltd
Osney Mead, GB-Oxford, OX2 0EL
25 John Street, GB-London WC1N 2BL
23 Ainslie Place, GB-Edinburgh EH3 6AJ

Arnette Blackwell SA
Librairie Diffusion Edition Abonnements
1, rue de Lille, F-75007 Paris

Blackwell Science, Inc.
238 Main Street, 5th Floor, USA-Cambridge,
Massachusetts 02142

Blackwell Science Pty Ltd
54 University Street, AUS-Carlton,
Victoria 3053

Blackwell Science Japan
290-2 Nase Totsuka, J-Yokohama

Anschrift der Verfasser:
Prof. Dr. Wilhelm Opitz von Boberfeld, Institut für Pflanzenbau und Pflanzenzüchtung II, Justus-Liebig-Universität, Ludwigstr. 23, D-35390 Gießen

Vorangeganene Auflagen:
1. Aufl. 1958: ERNST KLAPP, Gründlandkräuter. Bestimmen im blütenlosen Zustand, Verbreitung und Wert.
2. Aufl. 1988: ERNST KLAPP & WILHELM OPITZ VON BOBERFELD, Kräuterbestimmungsschlüssel für die häufigsten Grünland- und Rasenkräuter. Zur Ansprache im blütenlosen Zustand.
Alle erschienen im Verlag Paul Parey, Berlin/Hamburg

Die Deutsche Bibliothek – CIP-Einheitsaufnahme

Klapp Ernst :
Kräuterbestimmungsschlüssel für die häufigsten Gründland- und Rasenkräuter : zur Ansprache im blütenlosen Zustand / Ernst Klapp ; Wilhelm Opitz von Boberfeld. – 3., überarb. und erw. Aufl. – Berlin ; Oxford [u.a.] : Blackwell-Wiss.-Verl., 1995
ISBN 3-8263-3052-8
NE: Opitz von Boberfeld, Wilhelm:

ISBN 3-8263-3052-8 · Printed in Germany

Einbandgestaltung: Rudolf Hübler, D-12683 Berlin, unter Verwendung zweier Zeichnungen von Ernst Klapp
Herstellung: Goldener Schnitt R. Kusche, D-76547 Sinzheim
Druck: Druckhaus Beltz, D-69502 Hemsbach
Bindung: Großbuchbinderei J. Spinner, D-77851 Ottersweier

Gedruckt auf chlorfrei gebleichtem Papier

Vorwort

Wie schon die zweite Auflage, bildet dieser nun weiter verbesserte Kräuterbestimmungsschlüssel mit dem Gräserbestimmungsschlüssel für die Ansprache der am häufigsten auf Grünland und Rasen verbreiteten Arten eine Einheit. Nicht abgedeckt mit diesen beiden Floren sind damit Vertreter der *Cyperaceae* (Sauergräser) und *Juncaceae* (Binsengewächse). Bezogen auf den Kräuterbestimmungsschlüssel können sich darüber hinaus Probleme bei der Ansprache von Arten dort ergeben, wo aus Gruppen nahe verwandter Arten bzw. Kleinarten nur eine Sippe wiedergegeben ist, so z. B. bei *Alchemilla* (Frauenmantel), *Cardamine* (Schaumkraut), *Hieraceum* (Habichtskraut), *Mentha* (Minze), *Rumex* (Ampfer), *Thymus* (Thymian), *Veronica* (Ehrenpreis). Dieser Punkt stellt generell für Floren, in denen eine stärkere Auswahl getroffen wird, ein Problem dar; andererseits wird dadurch dem Anfänger, zu Lasten der Sicherheit, der Einstieg erleichtert. Text und Abbildungen wurden vor allem in diesen Punkten präzisiert, wenngleich aufgrund der umweltbedingten Modifikationen (= Wiese/Weide/Trittrasen) eine Charakterisierung der Morphologie letztendlich immer ein Versuch bleiben muß. Die Besonderheit der dichotom aufgebauten Schlüssel für die 18 Gruppen und jetzt 266 Arten ist die Ausrichtung in Wort und Bild auf die vegetativen Merkmale und damit die Ansprache der Arten in nicht blühendem Zustand. Möge auch diese Flora all denen, die sich mit der Vielfalt von auf Grünland und Rasen verbreiteten Kräutern auseinandersetzen, weiter ein hilfreicher Begleiter sein und anders ausgerichtete Bestimmungsschlüssel ergänzen. Der Schlüssel enthält ein Randregister, das die Anwendung vereinfachen soll. Da auf eine Stanzung verzichtet wurde, sei dem Benutzer bei Bedarf empfohlen, dies manuell selbst vorzunehmen.

Für die Hilfe bei der Anfertigung des in einzelnen Teilen umgestellten Manuskriptes sowie den vorgenommenen Veränderungen an wenigen Abbildungen einschließlich des gewissenhaften Korrekturlesens, danke ich den Mitarbeitern des Institutes, insbesondere Frau D. Chmeliczek, Frau Dr. E. Jucken und Frau A. Langer. Darüber hinaus gebührt Dank dem Verlag, der für meine Wünsche Verständnis aufgebracht hat.

Gießen, im Frühjahr 1995 *Wilhelm Opitz von Boberfeld*

Inhaltsverzeichnis

1 Allgemeine Artencharakteristik 9
1.01 Häufigkeitsangaben 9
1.02 Standortangaben 9
1.03 Pflanzengesellschaften und Futterwert 11
1.04 Nomenklatur 12

2 Spezielle Merkmale 13

3 Gruppenschlüssel 19

4 Artenschlüssel 25
4.01 Schachtelhalme 25
4.02 Holzartige 25
4.03 Pflanzen mit Stacheln, Borsten oder Brennhaaren . . . 28
4.04 Rankende und windende Pflanzen 33
4.05 Quirlblättrige Pflanzen 34
4.06 Gefingerte Blätter 38
4.07 Dreiteilige Blätter 44
4.08 Einfach gefiederte Blätter 48
4.09 Unterbrochen gefiederte Blätter 55
4.10 Mehrfach gefiederte Blätter 57
4.11 Fingerteilige, handförmige Blätter 61
4.12 Fiederteilige Blätter 65
4.13 Nicht in Stiel verschmälertes Blatt 73
4.14 In Stiel verschmälertes Blatt oder sitzend 81
4.14.1 Gekerbter, gesägter, gezähnter Blattrand 81
4.14.2 Ganzrandiges Blatt 95
4.14.2.1 Längs-(parallel-)nerviges Blatt 95
4.14.2.2 Nicht längsnerviges Blatt 98
4.14.2.2.1 Wechselständige Blätter oder Grundrosette 99
4.14.2.2.2 Gegenständige Blätter . . . 106
4.14.3 Nur teils ganzrandige o. ä. Blätter 113

5 Literaturverzeichnis 117

6 Artenverzeichnis 119
6.01 Trivialnamen 119
6.02 Botanische Bezeichnung 123

1 Allgemeine Artencharakteristik

1.01 Häufigkeitsangaben

In dem Bestimmungsschlüssel, der lediglich die am häufigsten im Wirtschaftsgrünland (Boeker 1964, Klapp 1965) und auf Rasenflächen (Opitz v. Boberfeld 1972, 1982, Rümler 1974) vorkommenden 262 Kräuter berücksichtigt, finden sich zu der Häufigkeit des Vorkommens einzelner Arten (= vorrangig auf Grünland bezogen) — Seite 25 bis 112 — folgende Anmerkungen:

— stark verbreitet	⟶ vbtt.
— häufig verbreitet	⟶ hfg.
— zerstreut vorkommend	⟶ zstr.
— seltener vorkommend	⟶ selt.

Diese Angaben sind einem bewirtschaftungsbedingten — Nutzungs- und Düngungsintensität — Wandel unterworfen, sie beziehen sich auf den augenblicklichen Status.

Obwohl hier lediglich die am häufigsten auf Grünland- und Rasenflächen verbreiteten Kräuter berücksichtigt sind, sind von den 257 abgebildeten und jetzt neun zusätzlich beschriebenen Arten immerhin insgesamt 69 in der »Roten Liste« (Anonymus 1992) vermerkt. Bezogen auf das Areal der alten Bundesländer Deutschlands insgesamt stehen 38 Arten und bezogen auf das Gebiet der neuen Bundesländer insgesamt stehen 61 Arten auf der »Roten Liste«. In den alten und neuen Bundesländern sind 30 Arten auf der »Roten Liste« identisch. Die Gefährdungsgrade verteilen sich wie folgt:

— verschollen bzw. vom Aussterben bedroht
- alte Bundesländer 0 Arten
- neue Bundesländer 1 Art

— stark gefährdet
- alte Bundesländer 5 Arten
- neue Bundesländer 20 Arten

— gefährdet und potentiell gefährdet
- alte Bundesländer 33 Arten
- neue Bundesländer 40 Arten

Sowohl im Artenschlüssel als auch im Artenverzeichnis finden sich dazu generelle Hinweise. Da der Bestimmungsschlüssel auf der Stufe Art endet, sind am Ende des Artenverzeichnisses (vgl. Seite 123 und 127) die entsprechenden gefährdeten Unterarten der hier beschriebenen Arten aufgelistet. Die Hinweise zu den gefährdeten Pflanzen haben einen engen Bezug zu Raum und Zeit, d.h. die Angaben besitzen unabhängig von Raum und Zeit keine Allgemeingültigkeit. Nicht selten wird diese Einschränkung übersehen, daß sie gerechtfertigt ist, mögen u.a. die Beispiele Sumpfdotterblume *(Caltha palustris)*, Herbstzeitlose *(Colchicum autumnale)*, Kuckuckslichtnelke *(Lychnis flos-cuculi)*, Wiesenknöterich *(Polygonum bistorta)*, Himmelsschlüssel *(Primula veris)* zeigen, die für die neuen Bundesländer auf der »Roten Liste« stehen und in den alten Bundesländern vielfach als zerstreut vorkommend eingestuft sind und zumindest punktuell massenhaft auftreten können.

1.02 Standortangaben

Die Angaben zu den bevorzugt besiedelten Standorten — Seite 25 bis 112 — einzelner Arten können nur für die Regel, nicht für den Einzelfall gelten. Diese Hinweise sollen bei der Bestimmung im Gelände zusätzliche Sicherheit geben. Für eine korrekte Standortansprache sind einzelne Arten weniger geeignet, hier liefert die Pflanzengesellschaft wesentlich bessere Informationen. Zwischen folgenden Eigenschaften wird unterschieden:

— Regionen
- Norddeutschland ⟶ N
- Nordwestdeutschland ⟶ NW
- Ostdeutschland ⟶ O
- Süddeutschland ⟶ S
- Südostdeutschland ⟶ SO
- Südwestdeutschland ⟶ SW
- Westdeutschland ⟶ W

— Wasserversorgung
- Überschwemmungsflächen ⟶ Überschw.
- feucht ⟶ feu.
- wechselfeucht ⟶ wechself.
- frisch ⟶ fri.
- trocken ⟶ tr.

— Reaktionsverhältnisse, RZ — Reaktionszahl — nach Klapp (1965)
- stark sauer ⟶ RZ 1
- mäßig sauer ⟶ RZ 2
- mittel ⟶ RZ 3
- basenreich ⟶ RZ 4
- Kalkböden ⟶ RZ 5

Bei etwa 20 Arten, die nicht bei Klapp (1965) bewertet sind, ist eine eigene Einstufung vorgenommen worden; damit ist eine Vollständigkeit der Einstufung sichergestellt.

— Bewirtschaftung und Lage
- Wiesen und Weiden ⟶ Grünld.
- in Weiden, weidefest ⟶ Weid.
- in Wiesen, weideempfindlich ⟶ Wies.
- Trittrasen ⟶ Trittr.
- Ödlandrasen ⟶ Ödld.
- Magerrasen ⟶ Magerr.
- Rasenflächen ⟶ Ra.
- im Bergland ⟶ mont.
- im Hügelland ⟶ coll.

1.03 Pflanzengesellschaften und Futterwert

In Klammern sind jeweils die Kennbuchstaben der Pflanzengesellschaften, in denen die jeweilige Art mit hoher Stetigkeit vorkommt, angeführt — Seite 25 bis 112. Die Gliederung der Vegetationseinheiten folgt in den Grundzügen der Zusammenstellung von Tüxen und Preising (1951) mit einigen Abweichungen, die sich aus verstärkter Berücksichtigung der Bewirtschaftung, d. h. Nutzung und Düngung, ergeben. Zwischen folgenden Einheiten wird unterschieden:

— Ödlandrasen
- Trockenrasen ⟶ (A)
  - + Kalktrockenrasen ⟶ (A a)
  - + Sandtrockenrasen ⟶ (A b)
- Borstgrasrasen und Heiden ⟶ (B)
- Kleinseggenwiesen ⟶ (C)
- Großseggenrieder ⟶ (D)

— Trittrasen und Naßweiden
- Trittrasen ⟶ (E)
- Naßweiden ⟶ (F)

— Wirtschaftsgrünland
- Glatthaferwiesen ⟶ (G)
- Goldhaferwiesen ⟶ (H)
- Weißkleeweiden ⟶ (I)
  - + Weidelgrasweiden ⟶ (I a)
  - + Rotschwingelweiden ⟶ (I b)
- Dotterblumenwiesen ⟶ (J)
- Pfeifengraswiesen ⟶ (K)

Die Kennzeichnung des Futterwertes einzelner Kräuter erfolgt nach den Wertzahlen von Klapp et al. (1953), Klapp (1965); nicht dort erfaßte Arten sind aufgrund eigener Erfahrungen bewertet, so daß eine Vollständigkeit auf einheitlicher Basis gewährleistet ist. Bei der Beurteilung über Wertzahlen bleibt das Alter und der Massenanteil weitgehend unberücksichtigt. Als Basis für diese Einstufung dienen die Merkmale Ertragsleistung, Futterqualität, Ausdauer und ökologische Amplitude. Nach dieser Skala ergibt sich folgende Abstufung:

— höchster Wert ⟶ WZ 8
— wertlos und nicht aufgenommen ⟶ WZ 0
— giftig und gesundheitsschädlich ⟶ WZ -1

Aufgrund dieser allgemeinen Artencharakteristik läßt sich beispielsweise aus der Angabe — Seite 25 bis 112 — Zstr. (selt. N) tr. RZ 4 Weid. (I a) WZ 5, ableiten: Zerstreut selten im Norden vorkommend in trockenen, basenreichen Weiden (Weidelgrasweide) mit mittlerem Wert.

1.04 Nomenklatur

Als Basis für die benutzten botanischen Namen dienen folgende Arbeiten:

— Flora Europaea, Bände 1 bis 4 (Tutin et al. 1964, 1968, 1972, 1976)
— Zander — Handwörterbuch der Pflanzennamen (Encke et al. 1994) und
— ISTA-List of stabilized plant names (Anonymus 1988).

Die Entwicklung der jüngsten Vergangenheit für diesen Sektor zeigt, daß Fortschritte in den Erkenntnissen über die Entwicklungsgeschichte sowie zeitbedingte Anschauungen auch fernerhin veränderte Bezeichnungen zur Folge haben werden, eine für den praktisch Arbeitenden wünschenswerte, absolute Beständigkeit damit nicht zu erwarten ist.

2 Spezielle Merkmale

Ausläufer, grundständige, ober- oder unterirdische, meist bewurzelte Triebe, Abb. 47, 213

Behaarung, Bewehrung
- bewimpert, mit langen Einzelhaaren
- borstig, mit steifen Haaren (Borsten)
- Brennhaare, Haare mit Endknöpfchen brennend-ätzenden Inhalts
- Dornen, verholzte, stechende Stengelteile
- drüsig behaart, mit Drüsenhaaren (mit Endknöpfchen)
- einfache Haare, unverzweigt
- filzig, mit dichten, verflochtenen Haaren
- Gabelhaare, oben einfach gespaltene Haare
- Grannenhaare, einzelne lange Haare
- samtartig, sehr dicht kurzhaarig
- seidig, mit weichen, glänzenden Haaren
- spinnwebig, mit feinen, lockeren Wirrhaaren
- Stacheln, stechende Zähne des Hautgewebes
- Sternhaare, in mehr als 2 Äste gespaltene Haare
- verkahlend, Haare mit dem Altern abwerfend
- verzweigte Haare, s. Gabel-, Sternhaare
- weichstachelig, mit nicht stechenden stachelförmigen Zähnen
- widerhakig, Haare mit umgebogener Spitze
- wollig, mit gekräuselten Haaren
- — zeilig, in deutlichen Längslinien stehend
- zottig, mit dicken, dichten, getrenntstehenden, weichen Haaren

Blattanheftung (-ansatz)
- halbstengelumfassend, Abb. I o
- herablaufend, Abb. IV c
- scheidig, durch eine Blattscheide mit dem Stengel verbunden, Abb. 132, 134
- schildförmig, Abb. 152
- sitzend = ungestielt
- spindelfern, S. 58, Abb. 100, 101
- spindelnah, S. 58, Abb. 95, 97
- stengelumfassend, Abb. I o

Blattform (-umriß)
- ausgerandet s. Blattspitze
- einfach s. Blattgliederung
- elliptisch, Abb. 202
- herzförmig, Abb. I l, 131
- keilförmig, Abb. I e
- langoval, etwa = Abb. IV a
- lanzettlich, Abb. I c
- lineal, Abb. I d
- nadelförmig, sehr schmal, spitzig, Abb. 38
- nierenförmig, Abb. I k, 141
- oval, Abb. I a
- pfeilförmig, Abb. I h, 130
- pfriemlich, sehr schmal und spitz zulaufend
- rautenförmig, rhombisch } Abb. I g

rundoval, Abb. 135
schief, unsymmetrisch, z. B. Abb. 64 oben, 85
spatelförmig, Abb. I f
spießförmig, Abb. I i, 129 links
spitzoval, Abb. 14, 188
unsymmetrisch, s. schief
vieleckig, z. B. Abb. 136, 139
weidenblattähnlich, z. B. Abb. 234
zerschlitzt, in feine Zipfel zerteilt, z. B. Abb. 95
zugespitzt, Abb. II e
zungenförmig, Abb. 133, 149
zusammengesetzt, s. Blattgliederung

Blattgliederung

Blättchen, selbständiger Teil zusammengesetzter Blätter
dreiteilig, S. 20, Abb. VI c, 65
Endblättchen, Endlappen } Abschnitt am Blattende
einfach, nicht in selbständige Teilblättchen zerfallend, S. 20
einfach gefiedert, S. 20, Abb. VII c
Einschnitte, gliedern die Fläche einfacher Blätter (nicht bis zur Mittelrippe reichend)
Fiederblättchen, Fiederchen } Teilblättchen gefiederter Blätter
fiederlappig = fiederteilig
fiederteilig, S. 21, Abb. VIII a–c
Fingerblättchen, Teilblättchen gefingerter Blätter
fingerteilig, S. 21, Abb. 105–115
gefiedert, S. 20, Abb. VII c
gefingert, S. 20, VI a, b
gegliedert = nicht ganzrandig
handförmig, S. 21, Abb. 108, 109
kleeähnlich, typisches Dreiblatt, z. B. Abb. VI a, 43–53
Lappen, Abschnitte einfacher Blätter
leierförmig, mit großem Endabschnitt, z. B. Abb. VIII c, 127
mehrfach gefiedert, S. 20, Abb. VII d
Mittelblättchen, das Endblättchen zusammengesetzter Blätter
paarig gefiedert, Abb. VII a (ohne Endblättchen)
Seitenblättchen, selbständige Blättchen beiderseits des End-(Mittel-)blättchens
— spaltig, mit ± tiefen Einschnitten (nicht bis zur Mittelrippe reichend)
Teilblättchen, s. Blättchen
— teilig, s. — spaltig
ungeteilt, s. einfach
unpaarig gefiedert, mit Endblättchen, Abb. VII c, 80–86
Verwachsungen, saumartig verbundene Blättchen sonst zusammengesetzter Blätter, Abb. VII b, 84, 89
zerschlitzt, in sehr feine Abschnitte zerteilt, Abb. 95
Zipfel = Lappen
zusammengesetzt, S. 19, Abb. VI, VII

Blattgrund

abgerundet, Abb. I a, 188
bauchig verbreitert, Abb. 200
geöhrt, mit ± stengelumfassenden Lappen, Abb. 128 oben
gestutzt, Abb. 132
halbpfeilförmig, s. pfeilförmig

halbspießförmig, s. spießförmig
halbstengelumfassend, Abb. I o
herablaufend, Abb. IV c
herzförmig, Abb. I l, 147
in d. Stiel verschmälert, Abb. I c
nierenförmig, Abb. I k, 141
öhrchenartig, -ähnlich = geöhrt
pfeilförmig, Abb. I h, 130
scheidig verwachsen, Abb. 43, 206
sitzend = ungestielt
spießförmig, Abb. I i
stengelumfassend, Abb. I o
verschmälert = allmählich in den Stiel übergehend

Blatt, Konsistenz
häutig, nicht grün, durchsichtig

Blattnerven
bogennervig, s. längsnervig
fadenziehend, beim Zerreißen fädige Nerven o. ä. austreten lassend
Fiedernerven, seitlich vom Hauptnerv abgehend, Abb. IV b
fiedernervig, wie vor.
Fingernerven, vom Blattgrund aus einem Punkt abgehend, Abb. VI b, 105
fingernervig, wie vor.
Hauptnerv = Mittelnerv
Längsnerv, s. längsnervig
längsnervig, S. 22, Abb. IV a, 203
Netznerven, verzweigte, netzartig verbundene Nerven, Abb. IV b, 133, 149
netznervig, s. vor.
parallelnervig, s. längsnervig
Rippen, gröbere Nerven
Seitennerven, s. Fiedernerven

Blattoberfläche
bereift, mit feiner, abwischbarer Wachsschicht
Drüsenpunkte, durchscheinende oder dunkle kleine Blattflecke
drüsig-punktiert, s. vor.
gefaltet, nicht in einer Ebene liegend
matt, ohne Glanz
pockig, mit kleinen warzenähnlichen Erhebungen
punktiert, s. Drüsenpunkte
tütenförmig, nach oben eingerollt
wellig, auf und ab gebogen
Blattquirle, Abb. V c, 32–41

Blattrand
buchtig, Abb. III b, 208
doppelt gesägt, Abb. III f, 173
gefranst, sehr fein zerteilt, Abb. 118
gekerbt, Abb. III c, 150
gesägt, Abb. III e, 145
geschweift, Abb. III a, 134
gezähnt, Abb. III d, 157
kerbzähnig, s. gekerbt
sägezähnig, s. gesägt
scharf, von kleinen Zähnchen rauh
schrotsägeförmig, mit verschieden großen, oft nochmals gezähnten Zähnen, Abb. 119

Blattscheide, Abb. 85, röhrenförmiger, den Stengel ± umschließender Teil des Blattgrundes oder Blattstiels

Blattspitze
abgerundet, Abb. II c
ausgerandet, Abb. II a
gestutzt, Abb. II b

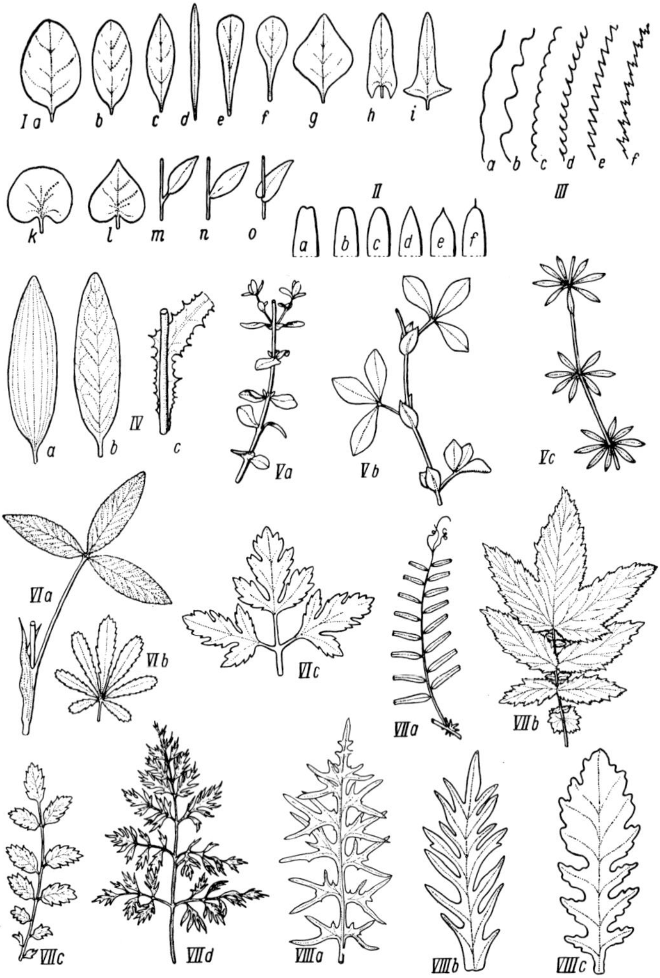

I Blattform: **a** oval **b** elliptisch **c** lanzettlich **d** lineal **e** keilförmig **f** spatelförmig **g** rautenförmig **h** pfeilförmig **i** spießförmig **k** nierenförmig **l** herzförmig Blattansatz: **m** gestielt **n** sitzend **o** halbstengelumfassend. **II** Blattspitze: **a** ausgerandet **b** gestutzt **c** abgerundet **d** spitz **e** zugespitzt **f** grannspitzig. **III** Blattrand: **a** geschweift **b** buchtig **c** gekerbt **d** gezähnt **e** gesägt **f** doppeltgesägt. **IV a** längsnervig **b** fieder-, netznervig **c** Blatt herablaufend. **V** Blattstand: **a** gegenständig **b** wechselständig **c** quirlständig. **VI–VIII** Blattgliederung: **VI a** gefingert (Kleeblatt) **b** 7-fach gefingert **c** dreiteilig.

grannenspitzig, mit längerem Borstenhaar, Abb. 44
stachelspitzig, mit kurzer Endborste, Abb. I f
zugespitzt, Abb. I e

Blattstellung

dachziegelig, einander dekkend, Abb. 7
gegenständig, Abb. V a, 196
grundständig, scheinbar aus der Wurzel kommend, s. Grundblätter
quirlig, Abb. V c, 32–41
rosettenartig, Abb. 166, s. ferner Rosette
spiralig, den Stengel allseits dicht umgebend, Abb. 211, 227
wechselständig, Abb. V b, 159
— zeilig, in regelmäßigen Reihen angeordnet, Abb. 7

Brutknöllchen, Vermehrungsorgane am Stengelgrund oder in Blattachseln

Faserwurzel, in fädige Stränge zerteilt

Gelenk, Verbindung zwischen selbständigen Teilblättchen und Blattrippen bzw. zwischen Blatt und Stengel

Grund-, Unter-, Wurzelblätter:

die ohne besondere Anordnung am Stengelgrund stehenden oder scheinbar aus der Wurzel, aus dem Wurzelstock oder aus unterirdischen Kriechtrieben entspringenden Blätter

Grundrosette, s. Rosette

Halbstrauch, mit unterwärts verholzten Trieben

Hochblätter, Blätter der Blütenregion, meist einfacher gegliedert als die unteren und mittleren Stengelblätter

Kriechtriebe, s. Ausläufer

Milchsaft, variiert oft stark

Nebenblätter, paarig angeordnete Blättchen am Blattstielgrund, Abb. 48

Nektarium, Honigdrüse

Öhrchen, ± gegliederte, den Stengel umgreifende Lappen am Blattgrund, Abb. 128 oben

Pfahlwurzel, starke zylindrische, allmählich verschmälerte Hauptwurzel

Quirl, Abb. V c, 32–41

Ranke, fädiger Fortsatz der Blattrippe, meist eingerollt, andere Pflanzen umschlingend

Rosette (Grundrosette):

Blätter, die, strahlenförmig um einen deutlichen Mittelpunkt angeordnet, am Boden liegen oder von Nachbarpflanzen angehoben sind. Bei manchen ausdauernden Arten dauernd vorhanden, bei kurzlebigen Arten nur im ersten Lebensjahr, Abb. 166, 170

Scheide, s. Blattscheide

Stengel

aufgeblasen, mit erweiterter Höhlung, Abb. 1, 96
aufsteigend, aufstrebend: aus

VII a paarig gefiedert, Wickelranke **b** unterbrochen gefiedert **c** einfach gefiedert **d** mehrfach gefiedert. **VIII a** mehrfach fiederteilig **b** einfach fiederteilig **c** leierförmig-fiederteilig

liegendem Grund sich erhebend
bereift, mit feiner abwischbarer Wachsschicht
engröhrig, mit engem Hohlraum
geflügelt, mit deutlichen Längsleisten, Abb. 8, 25, 246
gefurcht, mit deutlichen Längsrinnen
gerieft, mit feinen Längsrippen
gerillt, mit feinen Längsfurchen
haftend, s. klimmend
klimmend, mit Widerhaken, Stacheln oder Blattstielen an anderen Pflanzen kletternd
markig = nicht hohl
rankenartig, dünn, weithin kriechend (Erdbeere!)
rankend, s. Ranke
rutenförmig, lang mit meist anliegenden Blättern, Abb. 222
stielrund, ohne Rillen oder Furchen
weitröhrig, mit weitem Hohlraum
windend, andere Pflanzen umschlingend
zweigabelig, wiederholt in je zwei Zweige verästelt (»dichotom«)
Stipellen, S. 52, Abb. 82 »S«
Tute, s. Blattscheide, Abb. 134, 223
Unterblätter, s. Grundblätter
Wickelranke, s. Ranke
Wurzelblätter, s. Grundblätter
Wurzelstock, wurzelähnliches, kräftiges, waagerecht, schief oder senkrecht im Boden steckendes Achsenorgan ausdauernder Arten

3 Gruppenschlüssel

Die Bestimmungstabellen sind in der üblichen Art des »dichotomen« Schlüssels aufgebaut; der Benutzer wird von Schritt zu Schritt vor die Wahl zwischen zwei gegensätzlichen Beschreibungen gestellt; hierbei sei nochmals auf geduldiges, sorgfältiges Lesen und Vergleichen mit den Abbildungen hingewiesen. (Die rechts stehenden Leitzahlen weisen auf die entsprechenden links stehenden Zahlen hin.)

1. **Schachtelhalme:** ohne Blätter im üblichen Sinn; die durch gezähnte Scheiden begrenzten, röhrigen Halmglieder sind ineinander »geschachtelt« und lassen sich auseinanderreißen; unverzweigt oder verzweigt (Abb. 1–3) **4.01, S. 25**

1 a. Pflanzen mit Blättern im üblichen Sinn (mindestens mit flachem, blattartig verbreitertem Stengel, Abb. 8) 2

2. **Holzgewächse:** Zwerg- und Halbsträucher mit wenigstens unten ± verholzten Trieben **4.02, S. 25**

2 a. Pflanzen ganz oder großenteils **krautartig** 3

3. Kräuter mit **Stacheln, stechenden Borsten, stachelähnlichen Randzähnen** oder **Brennhaaren** (Disteln, Brennessel u. ä., Abb. 15–23) **4.03, S. 28**

3 a. Kräuter ohne Stacheln usw., höchstens mit nicht stechenden Borsten oder weichstachelig 4

4. Pflanzen mit **windendem** (d. h. andere Pflanzen umschlingendem) **Stengel** oder mit **Wickelranken** (Abb. 24–31) **4.04, S. 33**

4 a. Pflanzen nicht windend oder rankend, höchstens mit Borsten klimmend oder haftend 5

5. Pflanzen mit **Blattquirlen;** Blätter stehen zu mehr als 2 auf gleicher Höhe rings um den Stengel, Abb. 32 ff; (nicht verwechseln mit zwar dicht rings um den Stengel, aber verschieden hoch stehenden Blättern, Abb. 227) **4.05, S. 34**

5 a. Pflanzen mit wechselständigen (Abb. V b) oder nur paarweise gegenständigen (Abb. V a) Blättern, z. T. mit grundständiger Blattrosette (Abb. 170) 6

6. Blätter **zusammengesetzt,** d. h. aus mehreren, völlig voneinander getrennten Teilblättchen bestehend; diese oft durch Gelenke oder ± lange Stiele mit der Blattmittelrippe oder dem Blattstiel verbunden, jedoch nicht oder nur stellenweise durch (wenn auch schmale) Blattflä-

chensäume zusammenhängend (Abb. VI, VII) **7**

6a. Blätter »**einfach**«, nicht zusammengesetzt; entweder ganzrandig (Abb. IV a) oder durch ± tiefe, selbst bis nahe an die Mittelrippe reichende Einschnitte gegliedert (Abb. VIII); die Blattlappen sitzen dann entweder breit auf den Blattrippen auf oder sie sind durch ± breite Blattflächenstreifen untereinander verbunden (Abb. VIII c) **11**

7. Blätter **gefingert oder dreiteilig;** die Teilblättchen, die selbst wieder ± stark gegliedert sein können, gehen — ungestielt oder gestielt — von e i n e m Punkt (dem Ende des Blattstiels) aus (Abb. VI a/b) **8**

7a. Blätter **gefiedert***); rechts und links der Blattmittelrippe finden sich mindestens je zwei einfache oder wieder ± stark gegliederte Teilblättchen **9**

8. Blätter **gefingert** i m s t r e n g e n S i n n; die Teilblättchen (3–5 und mehr) sind entweder ungestielt oder alle gleichmäßig kurz (höchstens ½ bis einige mm lang) gestielt; das mittlere Teilblättchen ist jedenfalls nicht länger als die Seitenblättchen gestielt (Abb. VI a/b) **4.06, S. 38**

8a. Blätter **dreiteilig;** von den (stets 3) Teilblättchen ist e n t w e d e r das mittlere deutlich länger gestielt als die beiden seitlichen, nicht oder sehr kurz gestielten Teilblättchen (Abb. 61); o d e r alle drei Teilblättchen sind deutlich (z. T. recht lang) gestielt (Abb. VI c) **4.07, S. 44**

9. Blätter **einfach gefiedert;** die Fiederblättchen zerfallen nicht nochmals in selbständige Teilblättchen, können aber ± tief eingeschnitten oder selbst fiederteilig sein (Abb. VII c); namentlich im Spitzenteil des Blattes können Teilverwachsungen der Blättchen (Abb. 85) vorkommen **10**

9a. Blätter **mehrfach gefiedert;** die Fiederblättchen 1. Ordnung sind nochmals oder auch 2–3mal in selbständige Teilblättchen 2., 3., ... Ordnung unterteilt (Abb. VII d, 95–104) **4.10, S. 57**

*) Hier bestehen einige Verwechslungsmöglichkeiten zwischen gefiederten B l ä t t e r n und gegenständig beblätterten S t e n g e l n:

B l a t t: alle Blattflächen liegen etwa in der gleichen Ebene wie die Mittelrippe oder nur wenig schräg zu dieser, sind in gleichem Entwicklungszustand, tragen in den Blättchenwinkeln nie Knospen, Blüten, Achseltriebe, Wurzeln.

S t e n g e l: Die Blattflächen stehen meist quer zur Stengelebene; doch gibt es Ausnahmen bei liegenden Stengeln. Nur an Stengeln finden sich:

a) zur Spitze hin weniger entwickelte Blätter und Knospen;
b) Blüten, Achselknospen, Achseltriebe;
c) deutliche, zuweilen bewurzelte Knoten.

10. Die seitlichen Fiederblättchen sind etwa gleich groß bzw. ihre Größe nimmt gegen die Spitze des Blattes hin gleichmäßig ab oder zu; das Endblättchen kann ähnlich groß oder auch wesentlich größer sein (Abb. 80); vereinzelt finden sich am Grund der Fiederblättchen kleine Teilblättchen (»Stipellen«, Abb. 82) **4.08, S. 48**

10 a. Blätter **unterbrochen gefiedert;** größere und kleinere Fiederblättchenpaare wechseln miteinander ab (Abb. 88); nicht verwechseln mit Blättern, bei denen nur das Endblättchen wesentlich größer ist als die seitlichen, gleichmäßig großen Fiederblättchen (Abb. 80)! **4.09, S. 55**

11. (6 a) Blätter durch ± **tiefe Einschnitte** gegliedert (wenigstens einige Einschnitte reichen etwa halb bis fast ganz zum Blattgrund oder zur Mittelrippe) (Abb. VIII) **12**

11 a. Blätter — von Einschnitten oder Vorsprüngen des Blattgrundes abgesehen — **ganzrandig** (Abb. IV a/b) oder mit nur seichten Einschnitten (Abb. III a/b) **13**

12. Blätter **fingerteilig (handförmig);** Nerven und Blattabschnitte gehen strahlenförmig vom Blattgrund aus (Abb. 105 f.) **4.11, S. 61**

12 a. Blätter wenigstens teilweise **fiederteilig;** Seitennerven und Blattabschnitte gehen nach rechts und links von der Mittelrippe aus (Abb. VIII) (Arten, deren Blätter im größten Teil der Blattfläche echte Fiederung aufweisen und nur zum kleineren Teil durch Verwachsungen des Blättchengrundes fiederteilig wirken, finden sich in **4.08, 4.09, 4.10)**
4.12, S. 65

13. Blätter am Blattgrund herz-, nieren-, pfeil-, spießförmig oder sonstwie eingeschnitten, mindestens gestutzt, nicht in den (zuweilen geflügelten) Blattstiel verschmälert (Abb. I h–l) **4.13, S. 73**

13 a. Blätter ohne eingeschnittenen Grund, meist in den Blattstiel verschmälert (Blattrand mit dem Blattstiel einen offenen Winkel von mehr als 90 Grad bildend) (Abb. I a–g); oder »sitzend« (Abb. I n); in einem Fall Blatt »schildförmig« (Abb. 152) **14**

14. Blattrand (wenigstens bei Grund- und unteren Stengelblättern) deutlich **gekerbt, gesägt oder gezähnt** (Abb. III c–f) (siehe auch **4.14.3,** S. 113) **4.14.1, S. 81**

14 a. Alle Blätter oder wenigstens der größere Teil der Blätter **ganzrandig** (Abb. IV a/b) **15**

15. Alle Blätter ganzrandig, höchstens mit geschweiftem oder sehr undeutlich gekerbtem, gesägtem oder gezähntem Rand **16**

15 a. Neben ganzrandigen Blättern kommen an ein- und derselben Pflanze oder an verschiedenen Pflanzen derselben Art auch ± gekerbte, gesägte, gezähnte, zerteilte Blätter vor **4.14.3, S. 113**

16. Blätter **längsnervig** (parallel-, bogennervig); alle stärkeren Nerven verlaufen ohne deutliche Verästelungen oder Verbindungen vom Grund bis zur Spitze des Blattes (Abb. IV a) **4.14.2.1, S. 95**

16 a. Blätter **fieder-, finger-, netznervig** oder nur der Mittelnerv bzw. die Mittelrippe deutlich (Abb. 217, 224) **17**

17. Blätter entweder nur in **Grundrosetten** stehend oder wechselständig am Stengel (Abb. 159) **4.14.2.2.1, S. 99**

17 a. Stengelblätter gegenständig (Abb. 196); Grundrosette vorhanden oder fehlend **4.14.2.2.2, S. 106**

Gruppengliederung

4.01 Schachtelhalme 25
4.02 Holzartige 25
4.03 Pflanzen mit Stacheln, Borsten oder Brennhaaren 28
4.04 Rankende und windende Pflanzen 33
4.05 Quirlblättrige Pflanzen 34
4.06 Gefingerte Blätter 38
4.07 Dreiteilige Blätter 44
4.08 Einfach gefiederte Blätter 48
4.09 Unterbrochen gefiederte Blätter 55
4.10 Mehrfach gefiederte Blätter 57
4.11 Fingerteilige, handförmige Blätter 61
4.12 Fiederteilige Blätter 65
4.13 Nicht in Stiel verschmälertes Blatt 73
4.14 In Stiel verschmälertes Blatt oder sitzend 81
- 4.14.1 Gekerbter, gesägter, gezähnter Blattrand 81
- 4.14.2 Ganzrandiges Blatt 95
  - 4.14.2.1 Längs-(parallel-)nerviges Blatt 95
  - 4.14.2.2 Nicht längsnerviges Blatt 98
    - 4.14.2.2.1 Wechselständige Blätter oder Grundrosette 99
    - 4.14.2.2.2 Gegenständige Blätter 106
- 4.14.3 Nur teils ganzrandige o. ä. Blätter 113

Die im Text unmittelbar vor oder hinter den Namen der Arten stehenden Kennzahlen stimmen überein mit den Nummern der Abbildungen und den Zahlen der alphabetischen Artenverzeichnisse S. 119–127. Maßstäbe in den Abbildungen entsprechen cm.

Gruppensymbolübersicht

4.01

4.02

4.03

4.04

4.05

4.06

4.07

4.08

4.09

4.10

4.11

4.12

Gruppensymbolübersicht (Fortsetzung)

4.13

4.14.1

4.14.2.1

4.14.2.2.1

4.14.2.2.2

4.14.3

4 Artenschlüssel

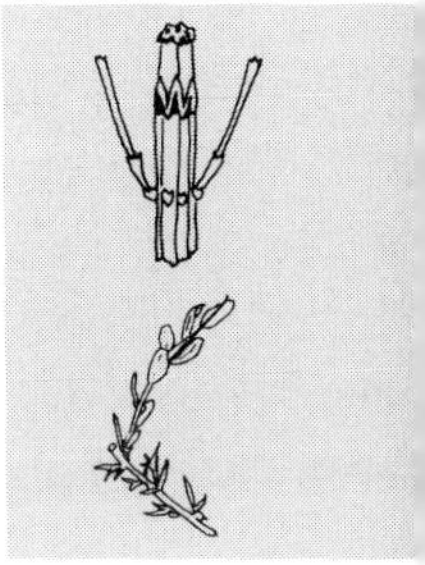

4.01 Schachtelhalme (S. 19, 23)

1. Halm glatt, weitröhrig, 3–8 mm dick, Scheiden mit 15–20 Zähnen. Ohne Äste oder mit unregelmäßiger Zahl kurzer Äste. Zstr. RZ 3 Naßwies. (C, D, F) WZ –1
   1 **Schlammschachtelhalm** *Equisetum fluviatile* L.

1 a. Halm rauh, gefurcht, meist nur 2–3 mm dick, mit kleineren Hohlräumen, stark quirlästig **2**

2. Scheiden locker anliegend, mit 6–10 (meist 7–8) Zähnen mit schwärzlicher, breit weißrandiger Spitze; unterstes Glied der Äste kürzer als die zugehörige Halmscheide. Mehrere ziemlich große Hohlräume im Halm. Zstr. (bes. N) (wechself.) feu. RZ 3 Grünld. (K, J, I) WZ –1
   2 **Sumpfschachtelhalm, Duwock** *Equisetum palustre* L.

2 a. Scheiden oberwärts etwas abstehend, mit 8–18 (meist 10–12) Zähnen mit schwärzlicher, nur sehr schmal weißrandiger Spitze; unterstes Glied der Äste länger als die zugehörige Halmscheide. Mittel- und Nebenhohlräume im Halm sehr eng. Zstr. tr.-feu. RZ 4 Wies. (G, H, J) WZ 0
   3 **Ackerschachtelhalm** *Equisetum arvense* L.

4.02 Holzartige (S. 19, 23)

(Arten mit wenig verholzenden Trieben finden sich nochmals in anderen Abschnitten)

1. Pflanzen mit harten stechenden Dornen **2**

1 a. Pflanzen ohne Dornen (höchstens weichdornig) **3**

2. Blatt 1–3 cm lang, dreiteilig oder einfach, mit großen, am Blattstiel angewachsenen Nebenblättern; Blättchen ovalelliptisch, ringsum gezähnt; Stengel mit 1–2 Reihen zottiger Haare; Pflanze ± aufrecht-aufsteigend; obere einfache Blättchen meist länglich, unterseits nicht oder nur spärlich drüsenhaarig. Selt. tr. RZ 4 Weid. (A, J) WZ 0
   4 **Dornige Hauhechel** *Ononis spinosa* L.

2 a. Blatt bis $1^1/_4$ cm lang, einfach, oval bis lanzettlich, ohne Nebenblätter, ganzrandig. Zweige oberwärts ringsum weichhaarig. Selt. tr. RZ 2 Ödld. (B) WZ 0, als gefährdete Art in der Roten Liste enthalten!
   5 **Deutscher Ginster** *Genista germanica* L.

3. Blätter nadelförmig schmal, lineal-lanzettlich-pfriemlich, nur 1–5 mm lang; Stengel nie geflügelt **4**

3a. Blätter breiter, länger als 5 mm; oder nur breit geflügelte Zweige vorhanden **5**

4. Blätter zu 3–4 quirlständig, 4–5 mm lang, Rand nach unten eingerollt, mit einzelnen langen Drüsen- und vielen kurzen Haaren. Selt. (bes. W, NW) feu. (wechself.) RZ 1 Ödld., Hochmoor (B, C) WZ 0, als gefährdete Art in der Roten Liste enthalten!

6 **Glockenheide** *Erica tetralix* L.

4a. Blätter vierzeilig, sich dachziegelig deckend, nur bis 2 mm lang, mit 2 abwärts gerichteten pfriemlichen Öhrchen, Rand nach oben eingerollt, fast kahl. Hfg. tr. (wechself.) RZ 1 Ödld. (B, I b) WZ 0

7 **Heidekraut** *Calluna vulgaris* (L.) Hull

5. Zweige breit geflügelt, auf kriechendem Holzstämmchen stehend; an den 3–6 Knoten je ein (früh abfallendes) spitzovales Blatt. Selt. tr. RZ 3 Ödld., Magerr. (B, I b) WZ 0, als gefährdete Art in der Roten Liste enthalten!

8 **Flügelginster** *Genista sagittalis* L.

5a. Zweige nicht geflügelt, mit viel mehr als 6 Blättern **6**

6. Blätter wechselständig **7**

6a. Blätter gegenständig **12**

7. Blätter mit großen, am Stiel angewachsenen Nebenblättern, dreiteilig oder einfach, ringsum gezähnt, stark drüsenhaarig, Stengel ringsum zottig-drüsenhaarig; zuweilen an der Stengelspitze mit einigen Dornen; Pflanze oft mit starkem Bocksgeruch; ± niederliegend; obere einfache Blättchen rundlich, unterseits reichlich drüsenhaarig. Selt. tr. RZ 4 Weid. (A a, G, I a) WZ 0

9 **Kriechende Hauhechel** *Ononis repens* L.

7a. Blätter ohne Nebenblätter, nie zottig (höchstens anliegend — seidig behaart); wenn Blattrand gezähnt, dann Stengel ganz kahl **8**

8. Blätter meist länglich-oval bis lanzettlich, 2–4mal länger als breit, Rand weder gezähnt noch nach unten eingerollt . . **9**

8a. Blätter oval bis rundlich, höchstens 1½–2mal länger als breit, Rand entweder gezähnt oder nach unten eingerollt **11**

9. Hochwüchsiger Strauch (50–300 cm hoch), mit rutenförmigen, fünfkantigen Zweigen. Blätter unterwärts dreiteilig, bis 1 cm lang gestielt, oberwärts meist einfach, ungestielt. Zstr. (bes. W, SW) RZ 1 Ödld., Magerr. (B, I b) WZ 0

10 **Besenginster** *Sarothamnus scoparius* (L.) Wimm.

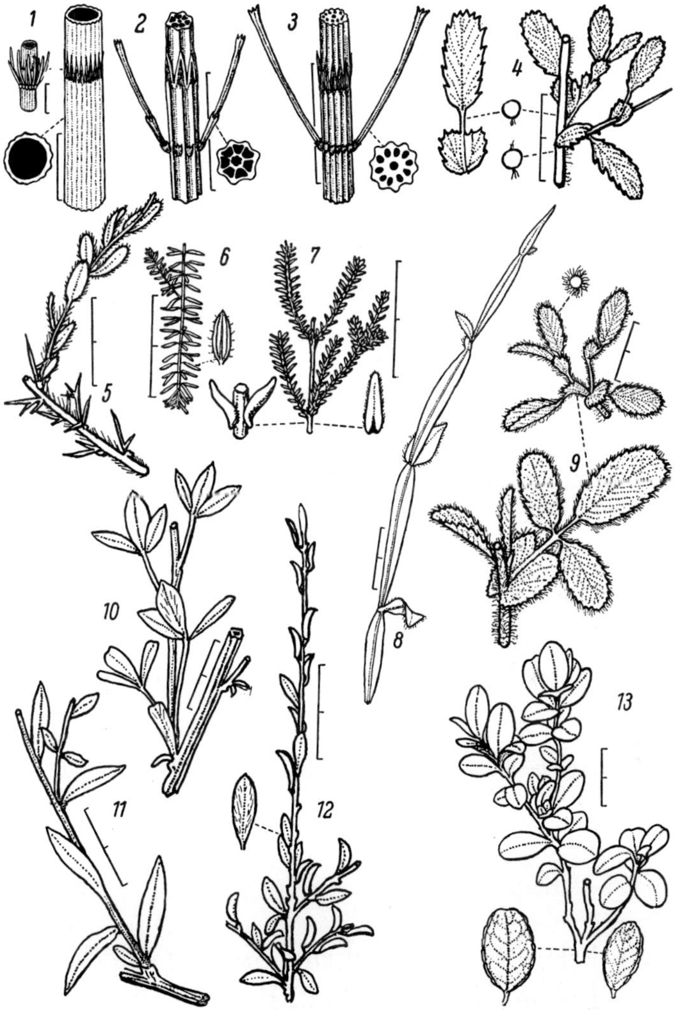

1 Schlammschachtelhalm *(Equisetum fluviatile)* **2** Sumpfschachtelhalm *(E. palustre)* **3** Ackerschachtelhalm *(E. arvense)* **4** Dornige Hauhechel *(Ononis spinosa)* **5** Deutscher Ginster *(Genista germanica)* **6** Glockenheide *(Erica tetralix)* **7** Heidekraut *(Calluna vulgaris)* **8** Flügelginster *(Genista sagittalis)* **9** Kriechende Hauhechel *(Ononis repens)* **10** Besenginster *(Sarothamnus scoparius)* **11** Färberginster *(Genista tinctoria)* **12** Behaarter Ginster *(Genista pilosa)* **13** Preißelbeere *(Vaccinium vitis-idaea)*

9 a. Niedrigere Halb- und Zwergsträucher, Blätter stets einfach, alle sehr kurz gestielt oder sitzend **10**

10. Blatt meist lanzettlich, spitz, bis 3 cm lang, meist kahl; Stengel aufrecht, meist höher als 30 cm. Zstr. tr. RZ 3 Ödld., Magerr. (A a, B, H) WZ 0

11 Färberginster *Genista tinctoria* L.

10 a. Blatt länglich-oval, meist stumpf, höchstens 1 cm lang, in der Jugend unterseits anliegend seidenhaarig; Stengel liegend mit aufstrebenden Ästchen, meist nur 5–25 cm hoch. Zstr. (bes. W, NW) tr.-fri. RZ 2 Ödld., Magerr. (B) WZ 0

12 Behaarter Ginster *Genista pilosa* L.

11. (8 a) Blatt fast ganzrandig, oberseits glänzend dunkelgrün, unterseits drüsig punktiert, lederig, mit nur undeutlichen Nerven, Rand nach unten eingerollt. Zweige ± stielrund. Zstr. fri.-wechself. RZ 1 Ödld. (B, I b) WZ 0

13 Preißelbeere *Vaccinium vitis-idaea* L.

11 a. Blatt fein gesägt-gezähnt, beiderseits gleichmäßig grün, krautig, mit deutlichen, netzig verbundenen Fiedernerven; Rand nicht eingerollt. Zweige scharfkantig. Zstr. tr. RZ 1 Ödld., Magerr. (B, I b) WZ 0

14 Heidelbeere *Vaccinium myrtillus* L.

12. (6 a) Blatt ganzrandig: Sonnenröschen *(Helianthemum nummularium)* 232, Sand-Thymian *(Thymus serpyllum)* 233

12 a. Blatt gekerbt: Edel-Gamander *(Teucrium chamaedrys)* 190

4.03 Pflanzen mit Stacheln, Borsten oder Brennhaaren (S. 19, 23)

1. Pflanze mit Brennhaaren; Blätter gegenständig, aus abgerundetem oder herzförmigem Grund spitzoval, grobgesägt. Zstr. tr.-feu. RZ 4 Grünld. (I a, F, J) WZ 1

15 Große Brennessel *Urtica dioica* L.

1 a. Pflanzen ohne Brennhaare; Blätter wechselständig oder in grundständiger Blattrosette **2**

2. Alle Blätter ganzrandig, lanzettlich bis lineal, wie der Stengel mit steifen, stechenden Haaren besetzt, ohne randständige

Stacheln. Selt. tr. RZ4 Ödld., Magerr. (A a, A b) WZ0
16 Natternkopf *Echium vulgare* L.

2 a. Blätter überwiegend buchtig bis fiederteilig, auch doppelt fiederteilig, am Rand mit (nicht immer stechenden) Stacheln besetzt 3

3. Blätter sehr starr, pergamentartig hart, grau- bis weißlichgrün mit weißlichen Hauptnerven, völlig kahl, mit sehr stark stechenden Stacheln. Jungblätter ungeteilt, nur buchtig, ältere Blätter breit dreieckig, einfach bis dreifach fiederteilig. Selt. (bes. W, SW) tr. RZ4 Weid., Ödld. (A a, I a) WZ0
17 Mannstreu *Eryngium campestre* L.

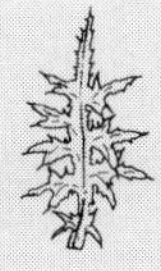

3 a. Blätter zuweilen derb, aber nicht ungewöhnlich starr und hart, hell- bis dunkelgrün, mindestens in der Jugend unterseits ± behaart, Nerven nicht auffallend weißlich abstechend.
(Die Unterscheidung der hierher gehörigen Arten ist wegen großer Veränderlichkeit der Blattform bzw. wegen des z. T. nur zeitweiligen Vorhandenseins von bodenanliegenden Blattrosetten nicht in allen Fällen sicher; man beachte daher die Angaben über Wurzeln, Rhizome, Milchsaft, Standort und landschaftliches Vorkommen) 4

4. Alle Blätter einer Pflanze sind gleichartig oder doch einander ähnlich geformt; die Mehrzahl der Arten stark stechend (außer 116–117) 5

4 a. Neben ungeteilten Blättern auch völlig anders geformte, fiederteilige Blätter; Stacheln meist weich, wenig oder gar nicht stechend: Kohldistel *(Cirsium oleraceum)* 118, Färberscharte *(Serratula tinctoria)* 153

5. Blattabschnitte (Zähne oder Fiederteile) nicht wesentlich länger als breit, meist kürzer als breit, Blätter z. T. nur buchtig gezähnt; soweit Stengel vorhanden, Blätter nicht »herablaufend« 6

5 a. Blattabschnitte der stets vorhandenen tief fiederteiligen Blätter meist deutlich länger als breit; falls Stengel vorhanden, Blätter entweder an diesen herablaufend und sehr stark stechend oder nicht herablaufend und dann ± weichstachelig 8

6. Mit unterirdischen Ausläufern, daher meist herdenweise stehend, nie bodenanliegende Blattrosetten. Neben einzelnen Grundblättern zahlreiche Stengelblätter, ungeteilt oder buchtig gezähnt bis fiederspaltig, Abschnitte meist nicht regelmäßig gelappt; wenig bis stark stechend. Hfg. (nicht S!) tr.-wechself. RZ4 Weid. (I a, I b) WZ0
18 Ackerdistel *Cirsium arvense* (L.) Scop.

6a. Ohne unterirdische Ausläufer, Pflanzen oft einzeln stehend 7

7. Nur bodenanliegende Blattrosette (selten mit kurzem Blütenstiel); Blattabschnitte sehr regelmäßig 3–4-lappig, immer stark stechend, einander meist deckend. Pflanze ohne Milchsaft. Zstr. tr.-wechself. RZ 5 Grünld., Ödld. (A a, I, G) WZ 0
19 **Stengellose Kratzdistel** *Cirsium acaule* (L.) Scop.

7a. Pflanze mit beblättertem Stengel (ursprüngliche Blattrosette bei Stengelbildung schon verdorrt), Grund- bzw. untere Stengelblätter lanzettlich, lang nach dem abgerundeten, sitzenden oder halbstengelumfassenden Grund verschmälert, nur buchtig gezähnt bis schwach fiederteilig, Abschnitte einander nicht deckend; Blatt wellig und stark stechend. Pflanze mit (spärlichem) Milchsaft. Selt. (nicht N, NW) tr. RZ 4 Ödld. (A a, B, H) WZ 0
20 **Golddistel** *Carlina vulgaris* L.

8. Stark stechende Arten; soweit Stengel vorhanden, dieser mit herablaufenden Blättern (Stengel also mit stechend gezähnten Flügeln); sonst bodenanliegende Blattrosette 9

8a. Arten mäßig oder gar nicht stechend (weichstachelig), Stengelblätter mit verbreitertem oder herzförmigem Grund sitzend oder ± stengelumfassend, Stengel also ungeflügelt; keine ausgesprochene Grundrosette: Knollige Distel *(Cirsium tuberosum)* 116, Bachdistel *(Cirsium salisburgense)* 117, Englische Kratzdistel *(Cirsium anglicum)* (hinter 116)

9. Blätter auch oberseits borstig-stachelig, Endzipfel auffallend lang, bis auf Stacheln fast ganzrandig. Zstr. tr.-fri. RZ 4 Weid. (I a, I b, A) WZ 0
21 **Gewöhnliche Kratzdistel** *Cirsium vulgare* (Savi) Ten.

9a. Blätter oberseits kahl oder nur weichhaarig, Endzipfel nicht besonders lang, bis zur Spitze gezähnt 10

10. Im Jugendstadium bodenanliegende Blattrosette, später beblätterte Stengel. Blätter weich bis straff, nicht besonders starr, mit gerade verlaufender Mittelrippe; Faserwurzel; Pflanze ohne Milchsaft. Vbtt. wechself.-feu. RZ 2 Grünld. (I, J, C, B) WZ 0
22 **Sumpfkratzdistel** *Cirsium palustre* (L.) Scop.

10a. Nur bodenanliegende Blattrosette (selten mit kurzem Blütenstiel). Blätter sehr starr und hartstachelig, oft mit hin und hergebogener Mittelrippe. Kräftige, verholzte Pfahlwurzel;

14 Heidelbeere *(Vaccinium myrtillus)* **15** Große Brennessel *(Urtica dioica)* **16** Natternkopf *(Echium vulgare)* **17** Mannstreu *(Eryngium campestre)* **18** Ackerdistel *(Cirsium arvense)* **19** Stengellose Kratzdistel *(Cirsium acaule)* **20** Golddistel *(Carlina vulgaris)* **21** Gewöhnliche Kratzdistel *(Cirsium vulgare)* **22** Sumpfkratzdistel *(C. palustre)* **23** Silberdistel *(Carlina acaulis)*

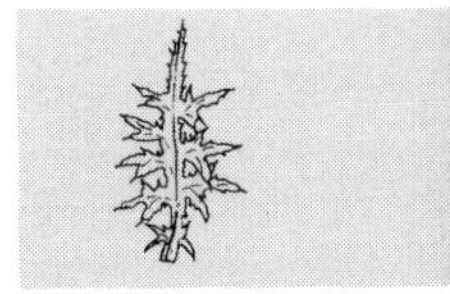

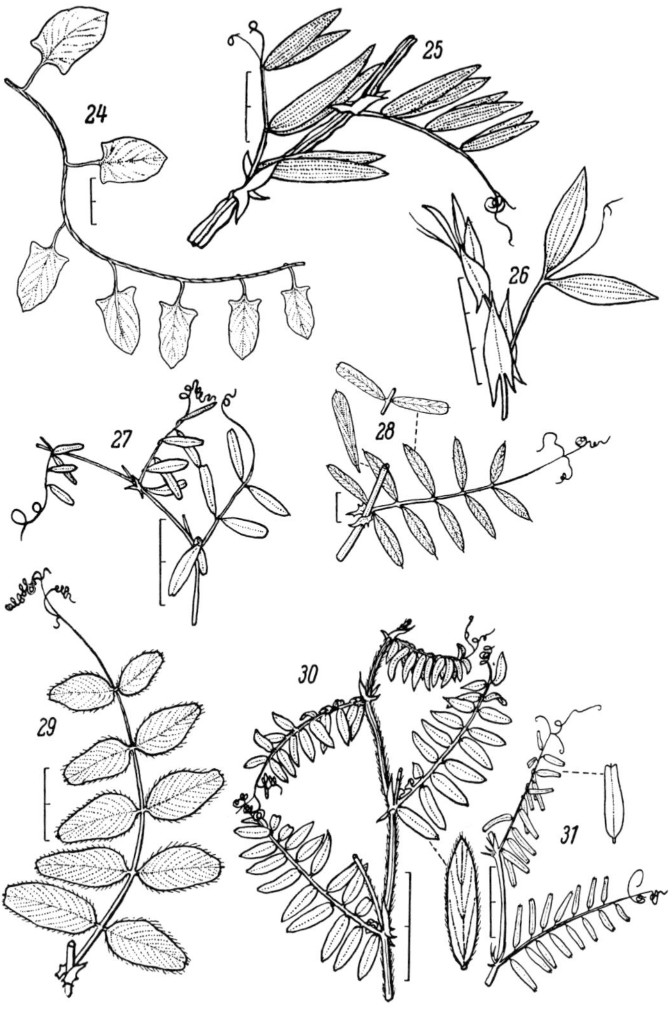

24 Ackerwinde *(Convolvulus arvensis)* **25** Sumpfplatterbse *(Lathyrus palustris)* **26** Wiesenplatterbse *(L. pratensis)* **27** Viersamige Wicke *(Vicia tetrasperma)* **28** Wilde Futterwicke *(V. angustifolia)* **29** Zaunwicke *(V. sepium)* **30** Vogelwicke *(V. cracca)* **31** Rauhhaar. Wicke *(V. hirsuta)*

mit spärlichem Milchsaft. Selt. (SO) tr. RZ 5 Ödld. (A a, B) WZ 0, als gefährdete Art in der Roten Liste enthalten!
23 **Silberdistel** *Carlina acaulis* L.

4.04 Rankende und windende Pflanzen (S. 19, 23)

1. Stengel liegend oder windend (andere Pflanzen umschlingend), Blätter einfach, mit pfeil- oder spießförmigem Grund, ohne Wickelranken. Zstr. tr. RZ 4 Grünld. (I a, G, A) WZ 3
24 **Ackerwinde** *Convolvulus arvensis* L.

1 a. Pflanzen mit Wickelranken, Blätter meist gefiedert 2

2. Stengel breit geflügelt; Blatt 2–3 (–5)-paarig gefiedert, mit großen Nebenblättern; Blättchen mit mehreren Längsnerven. Selt. (W, SW z. T. fehld.) (wechself.-)feu. RZ 4 Wies. (J, K, D) WZ 5, als gefährdete Art in der Roten Liste enthalten!
25 **Sumpfplatterbse** *Lathyrus palustris* L.

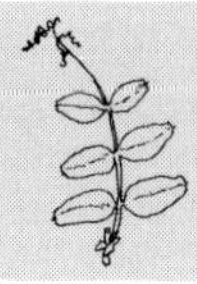

2 a. Stengel oft kantig oder mit schmalen Längsleisten, aber nicht breit geflügelt 3

3. Blatt mit nur einem Blättchenpaar mit mehreren Längsnerven, mit großen pfeil- oder spießförmigen Nebenblättern. Hfg. fri.-feu. RZ 4 Wies. (G, H, K, J, I, C) WZ 6
26 **Wiesenplatterbse** *Lathyrus pratensis* L.

3 a. Blätter 2–12-paarig gefiedert, Blättchen mit nur einem deutlichen Längsnerv (und ± zahlreichen Fiedernerven) 4

4. Blätter meist 2–4- (seltener bis 6-)paarig gefiedert, Blättchen schmal, höchstens undeutlich ausgerandet (Abb. II a) oder grannenspitzig, ohne deutliche Seitennerven. Ranke meist unverzweigt, an unteren Blättern auch fehlend. Selt. tr. RZ 2 Weid. (I b, A) WZ 5
27 **Viersamige Wicke** *Vicia tetrasperma* (L.) Schreb.

4 a. Blätter meist 3– vielpaarig gefiedert, Blättchen am Ende oft ± ausgerandet oder mit Grannenspitze, Ranke verzweigt .. 5

5. Blatt meist 4–6-paarig gefiedert, Blättchen oval, schwach herzförmig, lanzettlich oder lineal, bis 5 mm breit, vorne abgerundet, seltener spitz oder schwach ausgerandet, stets mit Grannenspitze, größte Breite in oder über der Mitte; an den Nebenblättern oft je ein dunkler Fleck (Nektarium). Zstr. tr. RZ 3 Grünld. (A a, H, I b) WZ 5

28 **Wilde Futterwicke** *Vicia sativa* L., Unterart *angustifolia* (L.) Grufb.

5 a. Blättchen entweder alle mit breiterer Form oder in größerer Zahl **6**

6. Blätter 4–8-paarig gefiedert, Blättchen fast kreisrund, oval oder breit elliptisch (größte Breite deutlich unter der Mitte), bis 12 mm breit, vorn ausgerandet mit Grannenspitze. Nebenblätter älterer Blätter stets mit braunrotem Nektarium (bei jungen Blättern zuweilen nicht erkennbar oder nur wenig von der Blattfarbe abweichend). Hfg. fri. RZ 4 Wies. (G, H) WZ 6

29 **Zaunwicke** *Vicia sepium* L.

6 a. Blätter 6–12- und mehrpaarig gefiedert, Blättchen lanzettlich bis lineal, höchstens 5 mm breit, Seitennerven meist undeutlich, Nebenblätter stets ohne Nektarium **7**

7. Blätter meist 8–12 (–20)-paarig gefiedert, Blättchen schmal oval bis lanzettlich (größte Breite meist in der Mitte), wie der Stengel mindestens unterseits deutlich bis sehr dicht behaart (dann silbergrau schimmernd), beiderseits abgerundet oder zugespitzt, nie ausgerandet. Vbtt. tr.-feu. RZ 3 Grünld. (G, H, I b, K, B) WZ 6

30 **Vogelwicke** *Vicia cracca* L.

7 a. Blätter meist 6 (–8)-paarig gefiedert, Blättchen lineal (größte Breite oft unter der Mitte), höchstens unterseits zerstreut behaart, höchstens 3 mm breit, vorn meist gestutzt oder in stumpfem Winkel ausgerandet, mit Grannenspitze. Zstr. tr. lückiges RZ 3 Grünld. (I b, A) WZ 5

31 **Rauhhaarige** oder **Zitter-Wicke** *Vicia hirsuta* (L.) S. F. Gray (»rauhhaarig« wegen der behaarten Frucht)

4.05 Quirlblättrige Pflanzen (S. 19, 23)

1. Alle Blätter der Pflanze quirlständig (zuweilen nur zu 2 gegenständig) und ganzrandig. Keine gestielten Bodenblätter **2**

1 a. Nur Stengelblätter quirlständig, daneben gestielte ± eingeschnittene oder zerteilte Grundblätter oder alle Blätter durch tiefe Einschnitte zerteilt **12**

2. Blätter 5 bis über 12 cm lang und 1 bis 2½ cm breit, weidenblattähnlich, Quirle nur 3–4-blättrig, daneben oft gegenstän-

dige Blattpaare; kräftige Stauden: Blutweiderich *(Lythrum salicaria)* 234, Gewöhnlicher Gilbweiderich *(Lysimachia vulgaris)* 235

2 a. Blätter nur ½–1–4 cm lang und höchstens 8 mm breit, nach beiden Enden verschmälert oder sehr schmal lineal, Quirle 4–12-blättrig; schmächtige bis zarte Pflanzen **3**

3. Blätter eines Quirls oft verschieden lang und verschieden zahlreich, untere zu 4, obere zu 4–6, zuweilen nur paarig gegenständig, nur 1–2 mm breit, mit deutlicher Stachelspitze. Zstr. (N fehld.) tr. RZ 5 Ödld. (A a) WZ 2

32 Hügelmeister *Asperula cynanchica* L.

3 a. Alle Blätter eines Quirls gleich lang **4**

4. Quirle mit 4 Blättern ohne Stachelspitze **5**

4 a. Quirle mit mehr als 4, meist 6–10 Blättern mit Stachelspitze **7**

5. Blatt höchstens 10 mm lang und 3 mm breit, am Ende stumpf gerundet, nur 1 Längsnerv, Stengel oft von kleinen Zähnchen rauh. Hfg. Überschw.-feu. RZ 2 Wies. (J, D, B) WZ 3

33 Sumpflabkraut *Galium palustre* L.

5 a. Blätter länger und breiter, mit 3 deutlichen Längsnerven . **6**

6. Stengel schlaff, etwas geflügelt, weichzottig bis rauhhaarig, Blatt breitoval bis elliptisch, zugespitzt, gelbgrün, an Rand und Nerven borstig, mit deutlichem Netz von Seitennerven. Selt. (NW ± fehld.) fri. lückige RZ 4 Wies. WZ 3

34 Kreuzlabkraut *Cruciata laevipes* Opiz

6 a. Stengel steif aufrecht, vierkantig, meist kahl, Blatt lanzettlich-stumpf, dunkelgrün, mit umgerolltem Rand, ohne deutliches Nervennetz. Zstr. wechself. sommertr. RZ 4 Magerwies. (K, G, A a, C) WZ 3

35 Nordisches Labkraut *Galium boreale* L.

7. Stengel und Blattränder durch rückwärts gerichtete Zähnchen stark rauh **8**

7 a. Stengel und Blattränder glatt oder nur schwach rauh **9**

8. Blatt 3–8 mm breit, lanzettlich, Ende stumpf mit aufgesetzter Stachelspitze, auch Hauptnerv unterseits gezähnt, Pflanze klettenartig haftend und klimmend. Selt. lück. RZ 3 Grünld. (K, I a) WZ 3

36 Klettenlabkraut, Klebkraut *Galium aparine* L.

8 a. Blatt nur 1–2 mm breit, lanzettlich, spitz, in deutliche Stachelspitze verlaufend; Hauptnerv nicht gezähnt, Pflanze

32 Hügelmeister *(Asperula cynanchica)* **33** Sumpflabkraut *(Galium palustre)* **34** Kreuzlabkraut *(Cruciata laevipes)* **35** Nordisches Labkraut *(G. boreale)* **36** Klettenlabkraut *(G. aparine)* **37** Moorlabkraut *(G. uliginosum)* **38** Echtes Labkraut *(G. verum)* **39** Heidelabkraut *(G. pumilum)* **40** Felslabkraut *(G. harcynicum)* **41** Wiesenlabkraut *(G. mollugo)* **42** Wasserdost *(Eupatorium cannabinum)*

nicht klimmend. Zstr. wechself. RZ 2 Wies. (K, J, C) WZ 3
37 **Moorlabkraut** *Galium uliginosum* L.

9. Blatt schmal lineal, Rand ± umgerollt **10**
9a. Blatt meist oval bis schmal lanzettlich, Rand nicht umgerollt **11**
10. Quirl (6–) 8–12-blättrig, Blatt fast nadelartig schmal, unterseits filzig behaart (Lupe!), Stengel stumpfkantig bis stielrund. Zstr. tr.-wechself. RZ 4 Wies., selt. Weid. (A, G, K) WZ 3
38 **Echtes Labkraut** *Galium verum* L.

10a. Quirl 7–8-blättrig, Blatt nicht nadelartig schmal, bis 2 mm breit, auch unterseits kahl, höchstens am Rand schwach rauh, mit langer Stachelspitze, Stengel vierkantig und an den Kanten oft rauh. Zstr. (bes. M, S) tr.-wechself. RZ 2 Ödld., Magerr. (B, I) WZ 3
39 **Heidelabkraut** *Galium pumilum* Murr.

11. Stengel zart, dicht beblättert, meist kleine Rasen bildend; Quirle (4– meist) 6-blättrig, untere Blätter oval, obere lanzettlich, nur wenige mm lang; niedrigbleibende Art (5–25 cm hoch). Zstr. (O, SO selt.) tr.-wechself. RZ 1 Ödld. (B, H, I b) WZ 3
40 **Felslabkraut** *Galium harcynicum* Weig.

11a. Stengel kräftig, steif aufrecht oder kletternd, mit meist deutlich verdickten Gelenken und großem Abstand der 4–8-blättrigen Quirle; Blatt um 2 cm lang und 2–8 mm breit, meist hochwüchsige Art (35–100 cm hoch). Vbtt. tr.-wechself. RZ 4 Wies., tr. Niedermoor (G, K) WZ 3
41 **Wiesenlabkraut** *Galium mollugo* L.
12. (1 a) Grund- und Stengelblätter gänzlich verschieden; neben nierenförmigen, 2–4 cm breiten gekerbten oder tief mehrteiligen Grundblättern einige quirlartig in ganzrandige lineale Abschnitte zerteilte Stengelblätter: G o l d h a h n e n f u ß *(Ranunculus auricomus)* 111
12a. Grund- und Stengelblätter einander ähnlich geformt, auch die Abschnitte der Quirlblätter gezähnt oder tief zerteilt . . **13**
13. 5 scharf gezähnte Blätter je Quirl: B l u t w u r z *(Potentilla erecta)* 56
13a. Je Stengel nur 1 Quirl von 3 tiefzerteilten Blättern (unter einer Blütenknospe) **14**
14. Blätter in der Jugend lang behaart; Stengelquirl aus 3 am Grund verwachsenen ungestielten, in schmale Zipfel zerspaltenen Blättern bestehend: K ü c h e n s c h e l l e *(Pulsatilla vulgaris)* 94

14 a. Blätter meist kahl, Stengelquirl aus 3 gestielten, dreiteiligen Blättern mit gestielten, ± tief gespaltenen Abschnitten bestehend: Buschwindröschen *(Anemone nemorosa)* 65

4.06 Gefingerte Blätter (S. 20, 23)

1. Blätter 3-zählig **2**

1 a. Blätter 4- bis 5- bis vielzählig **21**

2. Blätter an den stets vorhandenen Stengeln gegenständig, mittleres Teilblättchen erheblich größer als die Seitenblättchen; meist 1 bis 1,5 m hohe, straff aufrechte Staude. Teilblättchen grob gesägt. Selt. (wechself.) feu. RZ 4 Grünld. (J) WZ-1

42 Wasserdost *Eupatorium cannabinum* L.

2 a. Blätter nicht gegenständig, Pflanzen i. a. nicht höher als 10–60 cm **3**

3. Am Grund des Blattstiels finden sich zwei Nebenblättchen, die in Form und Größe den drei gefingert stehenden Teilblättchen gleichen oder doch ähneln. Das Blatt ist daher als »gefiedert« anzusehen: Schotenklee- *(Lotus-)* Arten 69–71

3 a. Wenn Nebenblättchen vorhanden, weichen sie in Form und Größe wesentlich von den Fingerblättchen ab **4**

4. Blättchen völlig ganzrandig (Rand höchstens geschweift), ganz kahl, dicklich, meist zusammenneigend; dicke, weitkriechende Grundachse. Selt. feu. RZ 3 Magerr. (C, J) WZ-1, als gefährdete Art in der Roten Liste enthalten!

43 Fieberklee *Menyanthes trifoliata* L.

4 a. Blättchen ± zerteilt, gekerbt, mindestens am Rande ganz fein gezähnt oder doch behaart **5**

5. Blättchen tief 3-lappig und mit unregelmäßig gezähnt-gelappten Abschnitten, Blätter ohne Nebenblätter **6**

5 a. Blättchen gekerbt, fein gezähnt oder doch behaart; Blätter mit Nebenblättern **7**

6. Pflanze mit langen, oberirdischen, an den Knoten stark bewurzelten Ausläufern: Kriechhahnenfuß *(Ranunculus repens)* 66 (seltene Formen)

6 a. Ohne Ausläufer, mit radieschenförmiger Knolle dicht unter der Bodenoberfläche: Knollenhahnenfuß *(Ranunculus bulbosus)* (seltenere Form) 112

7. Blättchen ganzrandig (nicht deutlich gezähnt), aber behaart 8

7 a. Rand des Blättchens ganz oder teilweise fein gezähnt, wenigstens mit einem Zähnchen an der Spitze 10

8. Pflanze dicht seidig-zottig behaart, Blättchen klein (2–5 mm breit, 10–20 mm lang), lineal bis länglich lanzettlich (nur die Jugendblätter oval bis herzförmig), ohne weißen Fleck: Mäuseklee, Hasenklee *(Trifolium arvense)* 52

8 a. Pflanze nicht auffällig behaart, Blättchen größer (8–25 mm breit, 15–50 mm lang), rundoval bis spitzoval, oft mit weißem Fleck 9

9. Nebenblätter großenteils mit dem Blattstiel verwachsen, plötzlich in eine Spitze mit 2–3 Grannenhaaren verschmälert, ohne Ausläufer. Hfg. tr.-feu. RZ 3 Grünld., bes. Wies. (G, H, J, K, I, A, B) WZ 7

44 Wiesen-Rotklee *Trifolium pratense* L.

9 a. Nebenblätter nur etwa zur Hälfte mit dem Blattstiel verwachsen, der freie Teil langlanzettlich, gleichmäßig lang bewimpert; mit unterirdischen Ausläufern; Teilblättchen spitzoval, größte Breite in der Mitte. Zstr. tr. RZ 2 Grünld., Waldnähe (H, I b, A, B) WZ 4

45 Mittlerer oder **Zickzack-Klee** *Trifolium medium* L.

10. Soweit Zähne am Blattrand vorhanden, sind sie kaum so lang wie 1/20–1/10 der Blättchenbreite, sehr schmal, oft nur Fortsetzungen der Blattnerven 11

10 a. Zähne der Blättchen am Grunde meist 1–3 mm breit, meist länger als 1/10 der Blättchenbreite 18

11. Blättchen kahl, höchstens unterseits und am Stiel spärlich behaart 12

11 a. Blättchen ± behaart 16

12. Blätter von kriechenden, stellenweise bewurzelten Stengeln aufsteigend 13

12 a. Stengel aufrecht, nicht wurzelnd, beblättert, daneben z. T. Grundblätter 14

13. Nebenblätter häutig, weiß oder durchscheinend, den Stengel röhrig umschließend, in 1–2 Spitzen auslaufend. Blättchen ± herzförmig oder rundoval, ausgerandet, oft mit weißem (blaßgrünem) Fleck, unterseits kahl, schwach glänzend; Rand besonders im mittleren Teil gezähnt. Vbtt. tr.-feu. RZ 3 Grünld., bes. Weid., Ra. (I, E, B) WZ 8

46 Weißklee *Trifolium repens* L.

13 a. Nebenblätter häutig bis grünlich, mit langer, freier Spitze,

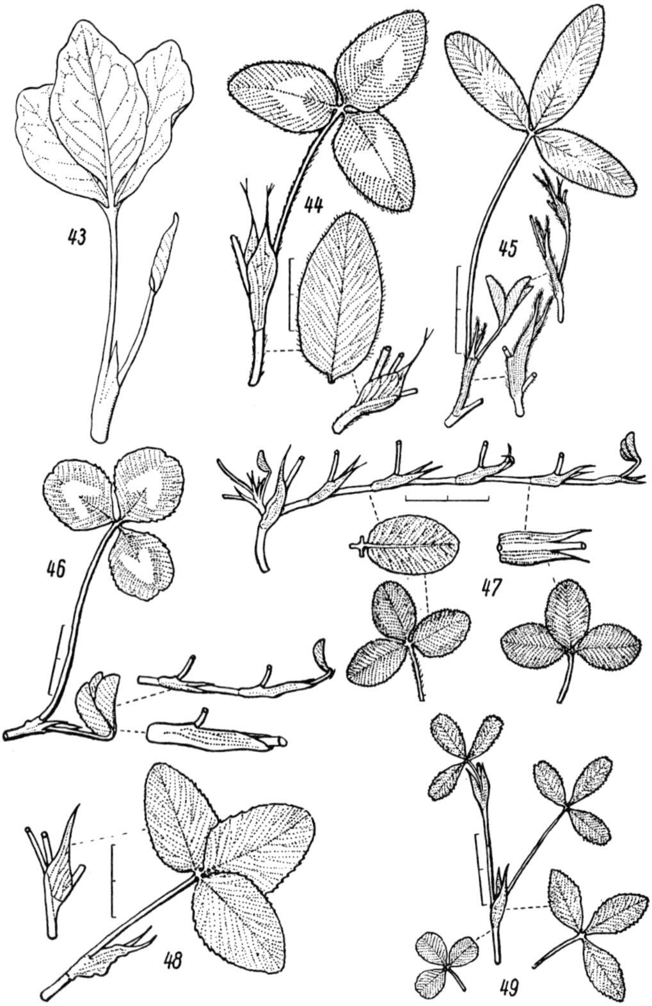

43 Fieberklee *(Menyanthes trifoliata)* **44** Wiesen-Rotklee *(Trifolium pratense)* **45** Mittlerer Klee *(T. medium)* **46** Weißklee *(T. repens)* **47** Erdbeerklee *(T. fragiferum)* **48** Schwedenklee *(T. hybridum)* **49** Brauner Moorklee *(T. spadiceum)*

die Stengelspitze meist völlig einhüllend. Blättchen oval bis spitzoval, nicht ausgerandet, ohne helleren Fleck. Mittelnerv unterseits feinborstig, Blattstiel oben meist etwas behaart; Blättchenrand ringsum fein gezähnt. Selt. tr.-feu. RZ 4 Weid. (I, E, F, Salzwies.) WZ 7, als gefährdete Art in der Roten Liste enthalten!

47 **Erdbeerklee** *Trifolium fragiferum* L.

14. Blättchenrand besonders in der unteren Hälfte gezähnt; Nebenblätter nur zu einem Viertel mit dem Blattstiel verwachsen, in eine lange Spitze ausgezogen; großblättrige Pflanze mit oft schlaffem, vielfach hohlem Stengel und z. T. langgestielten Blättern. Hfg. feu.-fri. RZ 3 Grünld. (F, J, K, G) WZ 6

48 **Schweden-, Bastardklee** *Trifolium hybridum* L.

14 a. Blättchenrand nur im oberen Drittel oder in den oberen zwei Dritteln gezähnt; Nebenblätter etwa zur Hälfte mit dem Blattstiel verwachsen. Straff aufrechte, schmal- und meist kleinblättrige Pflanzen, obere Blätter sehr kurz gestielt **15**

15. Obere Blätter fast gegenständig, sitzend, Blättchen länglich, lanzettlich, untere Blätter ± lang gestielt, kleiner mit breitovalen bis herzförmigen Blättchen. Nebenblätter bei Unterblättern kürzer als der Blattstiel. Pflanze völlig kahl. Selt. feu. (wechself.) RZ 2 Ödld., Magerr. (H, J, C, B) WZ 5, als gefährdete Art in der Roten Liste enthalten!

49 **Brauner Moorklee** *Trifolium spadiceum* L.

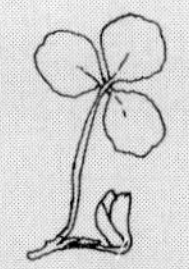

15 a. Auch obere Blätter wechselständig, auch die unteren sehr kurz gestielt; Blättchen alle langoval bis rautenförmig, Nebenblätter so lang wie oder länger als der Blattstiel. Stengel meist angedrückt behaart. Selt. (NW s. selt.) tr. RZ 3 Magerr. (bes. A b) WZ 5

50 **Goldklee** *Trifolium aureum* Poll.

16. (11 a) Blättchen groß (2–5 cm lang), langelliptisch, ringsum fein stachelartig gezähnt, mit zahlreichen auffallenden, gegabelten Nerven, namentlich unterseits wie der Stengel angedrückt seidenhaarig. Zstr./selt. (NW s. selt.) tr. (wechself.) RZ 4 Grünld. (Aa, H, K) WZ 5, als gefährdete Art in der Roten Liste enthalten!

51 **Bergklee** *Trifolium montanum* L.

16 a. Blättchen kleiner, nicht oder nur im oberen Drittel gezähnt, Pflanzen ± dicht seidig oder zottig behaart **17**

17. Blättchen lineal bis länglich-lanzettlich (nur Jugendblätter oval bis herzförmig), sämtlich kurz gestielt; Nebenblätter lang pfriemlich (Blütenköpfchen länglich, gestielt). Selt. tr. RZ 2 Magerr. (A b) WZ 4
52 Mäuseklee, Hasenklee *Trifolium arvense* L.

17 a. Untere Blättchen ± herzförmig, kürzer als der Blattstiel, obere oval bis rautenförmig, kurzgestielt bis sitzend; Nebenblätter breitoval mit kurzer Spitze, auffallend stark rot- oder grünnervig (Blütenköpfchen kugelig, sitzend). Selt. (zstr. W) tr. RZ 2 Magerr. (A b) WZ 6, als gefährdete Art in der Roten Liste enthalten!
53 Streifenklee *Trifolium striatum* L.

18. (10 a) Nur Grundblätter und Blätter an dünnen, rankenartigen Kriechtrieben voll entwickelt, stets dreizählig; Blätter etwaiger Blütenstengel verkümmert. Blättchen aus keilförmigem Grund breitoval bis schiefoval, meist nicht mehr als 1½-mal so lang wie breit. Schwer unterscheidbare Arten . . . **19**

18 a. Grund- und Stengelblätter voll entwickelt, dreizählig bzw. scheinbar fünfzählig; Pflanzen ohne dünne, rankenartige Kriechtriebe, Blättchen meist 2–3mal so lang wie breit . . **20**

19. Endzahn des Blättchens wesentlich schmaler und kürzer als die übrigen Randzähne, alle Blättchen sitzend (Blütenblätter überdecken sich nicht). Selt. (NW fast fehld.) tr. RZ 2 waldnah. Magerr. (I) WZ 2
54 Erdbeer-Fingerkraut *Potentilla sterilis* (L.) G.

19 a. Endzahn des Blättchens nicht wesentlich kleiner als die übrigen Randzähne, Zähne meist etwas rotspitzig. Mittelblättchen meist kurz, aber deutlich (1–3 mm lang) gestielt. (Blütenblätter greifen ± übereinander.) Zstr. tr.-fri. RZ 2 waldnah. Magerr. (B, H, A) WZ 2
55 Walderdbeere *Fragaria vesca* L.

20. Auch die Stengelblätter gestielt; Blättchen langoval bis lanzettlich, groß (2–7 cm lang), grob gesägt, Stengel dick, weich, Grundachse weit kriechend: Blutauge *(Comarum palustre)* 81
(Nur einzelne Stengelblätter sind 3-zählig, siehe S. 52)

20 a. Stengelblätter ungestielt, fast quirlständig, scheinbar 5-zählig (3 Blättchen und 2 Nebenblätter), Blättchen aus keilförmigem Grund länglich-lanzettlich, mit scharfen, abstehenden Zähnen, selten länger als 2–3 cm, Nebenblätter 2- bis 5-spaltig. Stengel dünn, straff, Wurzelstock unregelmäßig-

50 Goldklee *(Trifolium aureum)* **51** Bergklee *(T. montanum)* **52** Mäuseklee *(T. arvense)* **53** Streifenklee *(T. striatum)* **54** Erdbeerfingerkraut *(Potentilla sterilis)* **55** Walderdbeere *(Fragaria vesca)* **56** Blutwurz *(Potentilla erecta)* **57** Kriechendes Fingerkraut *(P. reptans)* **58** Frühlingsfingerkraut *(P. tabernaemontani)* **59** Fadenklee *(Trifolium dubium)*

knollig, innen rot oder doch rot anlaufend. Vbtt. fri.-(wechself.-)feu. RZ 2 Magerr. (B, I b, H, K, C) WZ 2

56 **Blutwurz** *Potentilla erecta* (L.) Raeusch
(3-zählig wirken nur die Grundblätter)

21. (1 a) Blätter an den stets vorhandenen Stengeln gegenständig. Meist 1–1,5 m hohe, straff aufrechte Staude: Wasserdost *(Eupatorium cannabinum)* 42

21 a. Blätter nicht gegenständig, Pflanzen nur 10–50 cm hoch . **22**

22. Stengelblätter ungestielt **23**

22 a. Alle Blätter gestielt, 5–7-zählig (äußere Teilblättchen zuweilen am Grund etwas verwachsen) **24**

23. Stengelblätter mit schmal linealen, ganzrandigen Abschnitten, völlig von den rundlich-nierenförmigen, ± eingeschnittenen Grundblättern verschieden: Goldhahnenfuß *(Ranunculus auricomus)* 111

23 a. Alle Blätter einander ähnlich, scharf gezähnt; Grundblätter dreizählig (früh verwelkend), Stengelblätter scheinbar fünfzählig (3 Abschnitte und zwei ganz ähnliche Nebenblätter): Blutwurz *(Potentilla erecta)* 56

24. Weithin kriechende, rankenartige, an den Knoten wurzelnde, meist rotbraune Stengel. Blättchen oval bis elliptisch, ringsum mit jederseits meist 7–10 Zähnen, fast kahl oder unauffällig behaart. Zstr. tr.-wechself. RZ 4 Grünld., Ra. (G, E, A) WZ 2

57 **Kriechendes Fingerkraut** *Potentilla reptans* L.

24 a. Stengel ebenfalls an den Knoten wurzelnd, aber kurzgliedrig, einen Rasen aus kleinen Blattrosetten bildend. Blättchen mehr keilförmig, meist nur in der vorderen Hälfte mit jederseits 3–6 Zähnen, ± dicht behaart; liegende Stengelglieder dicht dunkelbraun schuppig. Selt. tr. RZ 3 lückige Magerr. (A) WZ 2

58 **Frühlingsfingerkraut** *Potentilla tabernaemontani* Aschers.

4.07 Dreiteilige Blätter (S. 20, 24)

1. Nur das mittlere der Teilblättchen ist deutlich länger gestielt als die beiden fast sitzenden Seitenblättchen **2**

1 a. Mittel- **und** Seitenblättchen ± lang gestielt; Stiele der Teilblättchen gleich lang oder beim Mittelblättchen länger als bei den Seitenblättchen **9**

2. Robuste, dickstengelige Staude mit bauchigen Blattscheiden und großen bis sehr großen Blättern; Teilblättchen im Umriß sehr verschieden, grob gelappt, das Endblättchen ± fiederteilig, die Seitenblättchen stark unsymmetrisch. Blattstiele und meist auch die ganze Pflanze rauhhaarig bis borstig: Bärenklau *(Heracleum sphondylium)* 85 (nicht voll entwickelte Blätter)

2 a. Pflanzen mit kleeähnlichen Blättern ohne auffallend bauchige Blattscheiden; Teilblättchen einander ähnlich, oval, keil- oder rautenförmig, nicht stark unsymmetrisch oder grob gelappt, nur fein gezähnt oder gesägt, höchstens fein behaart 3

3. Stengel zottig-drüsig behaart, auch Blättchen oft behaart, ringsum gezähnt. Nebenblätter groß, oval, mit dem Blattstiel verwachsen. Obere Blätter meist einfach (nicht 3-teilig) . . 4

3 a. Stengel kahl oder nur zerstreut oder anliegend behaart. Blättchen nur in der vorderen Hälfte gezähnt. Nebenblätter klein, oval, oder, wenn lang, mit langer Spitze, oft mit langen Zähnen oder halbpfeilförmig. Alle Blätter dreiteilig 5

4. Pflanze mit harten, stechenden Dornen: Dornige Hauhechel *(Ononis spinosa)* 4

4 a. Pflanze ohne stechende Dornen: Kriechende Hauhechel *(Ononis repens)* 9

5. Blättchen gestutzt oder ausgerandet, ohne Spitze oder verlängerten Mittelnerv; Nebenblätter spitzoval, ungezähnt, stets kürzer als Blattstiel und Blättchen 6

5 a. Blättchen mit Spitze (verlängerter Mittelnerv, grannenartig oder breiter); Nebenblätter schmal, lang, oft gezähnt oder halbpfeilförmig, fast oder ebenso lang wie Blattstiel und Blättchen 7

6. Stengel fadendünn, Blattstiel kürzer als das meist keilförmige Blättchen. Vbtt. tr.-feu. RZ 3 Grünld., Ra. (I b, E, A, G, H) WZ 6

59 **Fadenklee** *Trifolium dubium* Sibth.

6 a. Stengel kräftiger, Blattstiel fast so lang wie oder länger als das meist ± ovale bis rautenförmige Blättchen. Selt. tr.-fri. RZ 4 Magerr. (G, H, A) WZ 6

60 **Feldklee** *Trifolium campestre* Schreb.

7. Blättchen oval bis breitelliptisch, aufgesetzte Spitze zahnförmig-flächig; meist anliegend behaart. Zstr. tr.-fri. RZ 4 Grünld. (G, A a, I a, K) WZ 7

61 **Gelb-, Hopfen-Klee** *Medicago lupulina* L.

7a. Blättchen ± keil- oder rautenförmig, aufgesetzte Spitze grannenartig schmal 8

8. Wuchs liegend, Blättchen schmal, 3–4mal so lang wie breit, oft nur 10 × 2 mm groß. Zstr. tr. RZ 5 Magerr. (A a, G) WZ 6
62 Sichelklee *Medicago falcata* L.

8a. Wuchs aufsteigend-aufrecht, Blättchen oval bis keilförmig-lanzettlich, oft 20 × 8 mm und größer. Zstr. tr. RZ 4 Wies. (G) WZ 7
63 Bastardluzerne *Medicago varia* Mart.

9. (1 a) Großblättrige Staude, meist 40–100 cm hoch, Teilblättchen ± oval, meist größer als 5 × 3 cm, am Grund abgerundet bis herzförmig, stark schief (unsymmetrisch), ± tief eingeschnitten oder nochmals dreizählig (u. U. wie einfach oder doppelt gefiedert wirkend), scharf und ungleichmäßig einfach bis doppelt gesägt mit scharf bespitzten Zähnen. Seitliche Blattabschnitte oft tief zweigeteilt (daher »Geißfuß«). Blattstiel am Grund mit bauchiger Scheide, sein Querschnitt dreieckig, oberseits mit breiter flacher Rinne, obere Blätter auf der Scheide sitzend. Queckenartige unterirdische Ausläufer. Zstr. schatt. fri.-wechself. RZ 3 Wies. (G, H, K) WZ 3
64 Geißfuß *Aegopodium podagraria* L.

9a. Pflanzen niedriger; Teilblättchen mit z. T. sehr breit keilförmigem bis fast herzförmigem Grund (nur ausnahmsweise [obere Stengelblätter] doppelt dreizählig), ± tief finger- oder fiederteilig, unregelmäßig gelappt — gekerbt — gesägt; Zähne jedoch nicht scharf bespitzt; zuweilen oberirdische Ausläufer 10

10. Grundblätter stets einzeln (Pflanzen jedoch oft herdenweise, ± gedrängt wachsend), daneben bis zum Frühsommer häufig Blütenstengel mit einem Quirl von 3 gestielten Blättern. Mittleres Blättchen des Grundblattes mit 2–4, die seitlichen Blättchen mit 1–3 tiefen Einschnitten. Liegender Wurzelstock. Zstr. fri. RZ 1 Berg-, Wald-, Magerr. (B, H) WZ –1
65 Buschwindröschen *Anemone nemorosa* L.

10a. Grundblätter stets zu mehreren vorhanden, kein liegender Wurzelstock 11

11. Teilblättchen der Grundblätter in schmal lineale, unter 2 mm breite Zipfel gespalten, spärlich lang behaart oder kahl, daneben im Frühjahr Blüten- bzw. Fruchtstengel mit auffäl-

60 Feldklee *(Trifolium campestre)* **61** Gelbklee *(Medicago lupulina)* **62** Sichelklee *(M. falcata)* **63** Bastardluzerne *(M. varia)* **64** Geißfuß *(Aegopodium podagraria)* **65** Buschwindröschen *(Anemone nemorosa)* **66** Kriechhahnenfuß *(Ranunculus repens)* **67** Bergplatterbse *(Lathyrus linifolius)* **68** Wundklee *(Anthyllis vulneraria)*

lig weiß behaartem Blattquirl: Küchenschelle *(Anemone pulsatilla)* 94

11 a. Gliederung der Grundblätter stark verschieden, aber nicht in unter 2 mm breite Zipfel gespalten; wenn behaart, dann Haare nicht besonders lang **12**

12. Mit langen, rankenartigen oberirdischen, an den Knoten fest wurzelnden Kriechstengeln. Vbtt. fri.-feu. RZ 3 Grünld., Bodenverdichtg. (F, I, J, C) WZ 1

66 Kriechhahnenfuß *Ranunculus repens* L.

12 a. Ohne Ausläufer, mit radieschenähnlicher Knolle dicht unter der Bodenoberfläche: Knollenhahnenfuß *(Ranunculus bulbosus)* 112

4.08 Einfach gefiederte Blätter (S. 21, 24)

1. Fiederblättchen völlig ganzrandig, höchstens vorn ausgerandet **2**

1 a. Fiederblättchen deutlich gekerbt, gezähnt oder tiefer eingeschnitten **10**

2. Stengel, Blattstiel und Blättchen etwas aufgeblasen, röhrig hohl; untere Blätter meist mehrfach gefiedert; Röhren-Wasserfenchel *(Oenanthe fistulosa)* 96

2 a. Stengel, Blattstiel und Blättchen nicht aufgeblasen, höchstens der Stengel engröhrig; alle Blätter einfach gefiedert **3**

3. Statt des Endblättchens eine Grannenspitze; Stengel geflügelt, meist 2–3 Paare lanzettlicher Blättchen mit 3–7 netzig verbundenen Längsnerven; lange, halbpfeilförmige Nebenblätter. Zstr. (z. T. fehld.) tr.-fri. RZ 2 mont. Ödld., Magerr. (B, H, I b) WZ 5

67 Bergplatterbse *Lathyrus linifolius* (Reich.) Bässl.

3 a. Blätter mit Endblättchen (unpaarig gefiedert), Stengel rund oder z. T. kantig, aber nicht geflügelt. Blättchen mit nur einem deutlichen Längsnerv und ± deutlichen Fiedernerven **4**

4. Endblättchen mehrfach größer als die Seitenblättchen, bis 6 × 2 cm groß, Zahl und Sitz der Seitenblättchen stark wechselnd, bis 7 Paare; grundständige Blätter oft ungeteilt. Zstr. (sehr) tr. RZ 4 Grünld., Ödld. (A a, G) WZ 5

68 Wundklee *Anthyllis vulneraria* L.

4 a. Alle Blättchen von gleicher oder nur wenig verschiedener Größe; auch die Grundblätter gefiedert **5**

5. Nur 5 Teilblättchen, das untere Paar nebenblattähnlich am Stengel sitzend 6

5a. 4–10 und mehr Blättchenpaare (mit Endblättchen also 9–21 und mehr Blättchen) mit in Form und Größe abweichenden Nebenblättern am Blattgrund 8

6. Oberes Paar der Seitenblättchen unsymmetrisch, schief oval bis rautenförmig; das untere Paar merklich kleiner, ein Stück mit dem Blattstiel verwachsen; Blättchen etwas fleischig; Blüte einzeln, blaßgelb. Selt. tr.-wechself. RZ 4 Grünld., Ödld., verdichtete Böden (A a, C, K, Salzwies.) WZ 6, als gefährdete Art in der Roten Liste enthalten!

69 **Spargelerbse** *Tetragonolobus maritimus* (L.) Roth

6a. Oberes Paar der Seitenblättchen meist symmetrisch, das untere in Form und Größe nicht wesentlich abweichend, ganz kurz gestielt oder sitzend, nicht deutlich mit dem Blattstiel verwachsen; Blüten in Dolden, goldgelb 7

7. Pflanze mit Pfahlwurzel bzw. vielköpfigem Wurzelstock, Stengel markig, selten mit ganz engem Hohlraum; Blättchen oval bis lanzettlich, untere kurz gestielt, schief oval. Hfg. tr.-wechself. RZ 3 Grünld. (A a, I b, H, G, K) WZ 7

70 **Gewöhnlicher Hornklee** *Lotus corniculatus* L.

(Eine schmalblättrige Form bindiger, wechselfeuchter, oft salzhaltiger Böden mit lineal-lanzettlichen Blättchen ist *ssp. tenuifolius* L.)

7a. Pflanze mit langen, wurzelnden unterirdischen Ausläufern, Stengel meist deutlich hohl, Blättchen etwas fleischig, untere sitzend, herzförmig. Hfg. wechself.-feu. RZ 3 Wies., seltener Weid. (J, K, C) WZ 7

71 **Sumpfklee** *Lotus uliginosus* Schkuhr

8. 5–12 und mehr (–20) Paare von Blättchen mit zahlreichen deutlichen Fieder-(Seiten-)Nerven, Nebenblätter am Blattgrund ähnlich groß wie die Blättchen, häutig, lang zugespitzt, meist rotbraun bis karminrot. Selt. tr. RZ 4 Grünld., Ödld. (A a, G) WZ 7

72 **Esparsette** *Onobrychis viciifolia* Scop.

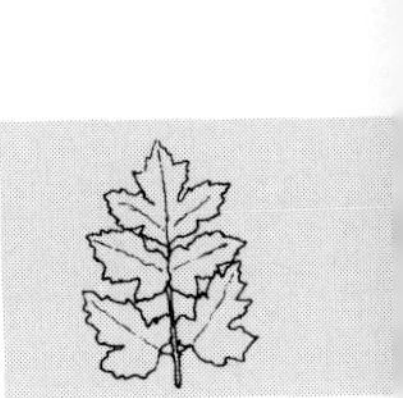

8a. 5–10 Paare von Blättchen mit nur undeutlichen Seitennerven, Nebenblätter sehr klein 9

9. Blatt lang gestielt, Blättchen erst weit vom Stengel ansetzend, höchstens 8–12 mm lang, meist gestutzt oder ausgerandet, Stengel stielrund bis schwach gerillt. Selt. (N fehld.) tr. RZ 4 Grünld. (A a, G) WZ 5

73 **Hufeisenklee** *Hippocrepis comosa* L.

9 a. Blättchen am oder nahe dem Stengel ansetzend, 1–2 cm lang, mit kurzer Stachelspitze; Stengel tief gefurcht, meist hohl. Selt. (Küste fehld.) tr. RZ 4 Magerr. (A a) WZ –1
74 **Bunte Kronwicke** *Coronilla varia* L.

10. (1 a) Alle Blätter einer Pflanze im Bauplan einander gleich oder doch ± ähnlich **11**
10 a. Rosetten-, Grund- und Stengelblätter ± verschieden geformt **24**
11. Höchstens 15 cm hohes Pflänzchen mit nur **einem** Laubblatt und einem daraus hervorgehenden rispigen Fruchtstand. Blatt mit 2–9 Paaren abwechselnd stehender sichel- oder keilförmiger, sich deckender Fiederblättchen mit fächerförmiger Nervatur ohne ausgesprochenen Mittelnerv; Fiederblättchen sitzen breit auf der Mittelrippe auf. Sehr selt. fri. RZ 1 Ödld., Magerr. (B, H, I b, A b) WZ 0, als gefährdete Art in der Roten Liste enthalten!
75 **Mondraute** *Botrychium lunaria* (L.) Sw.

11 a. Pflanzen mit mehreren Blättern und anderen Merkmalen . **12**
12. Fiederblättchen nur einige mm breit, stark eingeschnitten bis fiederteilig (auch das Gesamtblatt zuweilen nicht gefiedert in strengem Sinn, sondern nur sehr tief fiederteilig) **13**
12 a. Fiederblättchen breiter **16**
13. Nur 3–5 Paar Fiederblättchen, diese unzerteilt oder einfach bis doppelt fiederteilig; Geruch, besonders der Wurzel, unangenehm ranzig. Zstr. tr. RZ 3 Magerr. (A a, G, I, B) WZ 5
76 **Stein-Bibernelle** *Pimpinella saxifraga* L.

13 a. Meist 6–20 und mehr Paar Fiederblättchen **14**
14. Fiederblättchen mit spitzen, ± fiederteiligen bis fast gefiederten Abschnitten, mindestens junge Blätter und Stengel ± wollig behaart. Pflanze beim Reiben aromatisch riechend. Vbtt. tr. (wechself.) RZ 3 Grünld., Ra. (I, G, H) WZ 5
77 **Schafgarbe** *Achillea millefolium* L.

14 a. Fiederblättchen fiederteilig bis fast gefiedert, mit stumpfen oder rundlichen Abschnitten, Pflanzen kahl, nicht aromatisch **15**
15. Pflanze nur am Grunde verzweigt, Nebenstengel liegend bis aufsteigend, von unten an Blüten tragend; 2–15 cm hoch. Selt. wechself.-feu. RZ 1 Ödld. (B, H, C) WZ–1, als gefährdete Art in der Roten Liste enthalten!
78 **Waldläusekraut** *Pedicularis sylvatica* L.

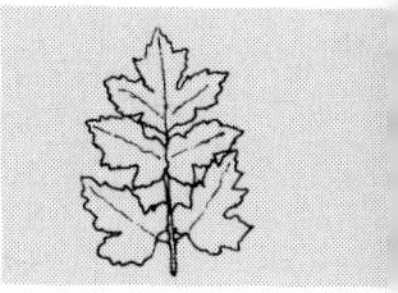

69 Spargelerbse *(Tetragonolobus maritimus)* **70** Gew. Hornklee *(Lotus corniculatus)* **71** Sumpfklee *(L. uliginosus)* **72** Esparsette *(Onobrychis viciifolia)* **73** Hufeisenklee *(Hippocrepis comosa)* **74** Bunte Kronwicke *(Coronilla varia)* **75** Mondraute *(Botrychium lunaria)* **76** Stein-Bibernelle *(Pimpinella saxifraga)* **77** Schafgarbe *(Achillea millefolium)* **78** Waldläusekraut *(Pedicularis sylvatica)* **79** Sumpfläusekraut *(P. palustris)*

15 a. Stengel erst oben ästig, aufrecht, um 30 cm hoch. Selt. feu. RZ 2 Naßwies. (C) WZ –1, als gefährdete Art in der Roten Liste enthalten!

79 **Sumpfläusekraut** *Pedicularis palustris* L.

16. Fiederblättchen zum Blattende hin an Größe zunehmend, oft nicht streng gegenständig, ± gezähnt, nie stärker eingeschnitten, meist symmetrisch, ohne Verwachsungen, Pflanzen ohne auffallend bauchige Blattscheiden **17**

16 a. Fiederblättchen zum Blattende hin an Größe abnehmend, streng gegenständig, oft mit Verwachsungen **20**

17. Ohne Nebenblätter am Blattgrund; Fiederblättchen der Grundblätter rundlich, ± gelappt, mit meist nur 3–4 Paar feiner Zähnchen, die der Stengelblätter länglich bis lineal. Endblättchen deutlich größer als die seitlichen Fiederblättchen. Rettichartiger Geschmack. Vbtt. fri.-feu. RZ 3 Wies. (Weid.) (J, H, I) WZ–1

80 **Wiesenschaumkraut** *Cardamine pratensis* (L.)-Gruppe

17 a. Mit Nebenblättern am Blattgrund; Fiederblättchen regelmäßig ± scharf gesägt mit 5 bis über 10 Paar kräftigen Zähnen, alle ± ähnlich gestaltet. Endblättchen nicht wesentlich größer als die seitlichen Fiederblättchen. Geschmack nicht rettichartig **18**

18. Blatt mit höchstens 2–3 einander bis zur fast fingerförmigen Stellung genäherten Paaren von langovalen Fiederblättchen. Pflanze mit langem, dickem, kriechendem Wurzelstock. Zstr. feu. RZ 2 Naßwies. (C) WZ 4, als gefährdete Art in der Roten Liste enthalten!

81 **Sumpfblutauge** *Comarum palustre L.*

18 a. Blatt mit 3–12 Paaren rundlicher bis ovaler Blättchen in deutlich gefiederter Stellung, zuweilen mit kleinen Teilblättchen (»Stipellen«) am Grunde ihres Stielchens (Abb. 82 »S«) **19**

19. Blatt groß, Fiederblättchen bis 6 × 4 cm groß, bis 1 cm lang gestielt, mit beiderseits 10–20 Zähnen. Hfg. feu. (wechself.) RZ 3 Wies. (J, K, C) WZ 5

82 **Großer Wiesenknopf** *Sanguisorba officinalis* L.

19 a. Fiederblättchen nur bis 2 × 1½ cm groß, sitzend oder sehr kurz gestielt, mit beiderseits 3–9 Zähnen. Zstr. tr. RZ 4 Wies. (A, G) WZ 4

83 **Kleiner Wiesenknopf** *Sanguisorba minor* Scop.

20. Pflanze ohne bauchige Blattscheiden, Blätter gegenständig

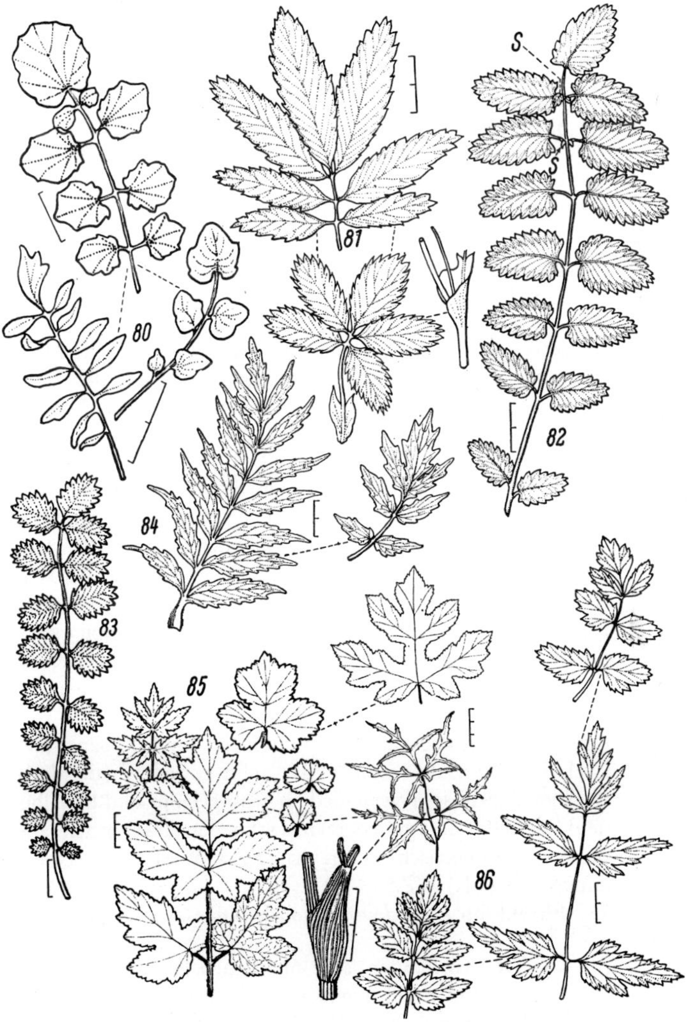

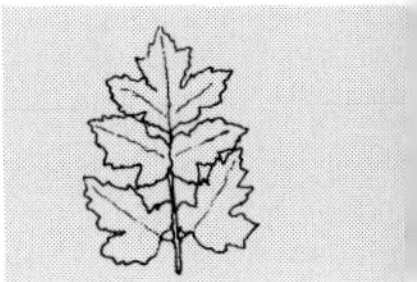

80 Wiesenschaumkraut *(Cardamine pratensis)* **81** Sumpfblutauge *(Comarum palustre)* **82** Großer Wiesenknopf *(Sanguisorba officinalis)* **83** Kleiner W. *(S. minor)* **84** Gebräuchlicher Baldrian *(Valeriana officinalis)* **85** Bärenklau *(Heracleum sphondylium)* **86** Große Bibernelle *(Pimpinella major)*

mit 5–11 Paaren lanzettlicher, fast ganzrandiger bis grob gezähnter, etwa symmetrischer Fiederblättchen, die (3–5) Endblättchen am Grunde meist etwas verwachsen. Zstr. feu. RZ 4 Wies. (J, K, D) WZ 1

84 Gebräuchlicher Baldrian *Valeriana officinalis* L.

(Sehr ähnlich, doch mit nur 3–5 Fiederpaaren und langen, unterirdischen Ausläufern: Holunderblättriger Baldrian *Valeriana sambucifolia* Mik., als gefährdete Art in der Roten Liste enthalten!)

20 a. Pflanzen mit ± bauchigen Blattscheiden, Blätter wechselständig; Fiederblättchen oft ± unsymmetrisch, z. T. recht vielförmig, ± gelappt bis fiederteilig oder auch ± verwachsen **21**

21. Schmächtige, 20–60 cm hohe Pflanze mit stielrundem oder nur zart gerilltem, vollem Stengel; Blatt mit (3–) 5 Paar höchstens 3 cm langer, ovaler, meist ungestielter Fiederblättchen; diese meist wenig unsymmetrisch, gezähnt oder ± tief eingeschnitten. Gesamtblatt selten länger als 10 cm: Stein-Bibernelle *(Pimpinella saxifraga)* 76

21 a. Pflanzen robuster, bis über 100 cm hoch, Stengel meist ± kantig und oft hohl; Fiederblättchen meist länger als 3 cm, wenigstens zum Teil ± gestielt, die stengelnahen oft stark unsymmetrisch. Gesamtblatt (ausgewachsen) groß bis sehr groß [10–> 40 cm lang] **22**

22. Pflanze mit auffallend weitbauchigen Blattscheiden, ganz oder doch an Stengeln und Blattrippen rauhhaarig bis borstig (besonders an Stengelknoten und an den Verzweigungen der Blattrippe; diese seitlich zusammengedrückt, oben tief rinnig). Voll ausgewachsenes Blatt mit meist nur 2–3 Paaren von Fiederblättchen, ihr unteres Paar meist gestielt. Fiederblättchen im Umriß sehr verschieden, grob gelappt und breit bis tief fiederteilig (fast gefiedert) mit schmalen Abschnitten, alle stark unsymmetrisch. Vbtt. fri. RZ 4 Wies., bes. Überdüngg. (G, J, K) WZ 5

85 Bärenklau *Heracleum sphondylium* L.

22 a. Blattscheiden vorhanden, aber nicht auffallend weitbauchig, Pflanzen kahl oder fein bzw. flaumig behaart, nicht rauhborstig **23**

23. Meist 2–4 Paar länglicher bis spitzovaler, zuweilen dreilappiger, etwas unsymmetrischer Fiederblättchen, mindestens das untere ± gestielt. Blattstiel im Querschnitt etwa fünfeckig mit 5–7 ± deutlichen Riefen. Wurzel mit starkem, harzig-

ranzigem Geruch. Hfg. fri.-feu. RZ4 Wies., bes. mont. (G, J, K) WZ5
86 Große Bibernelle *Pimpinella major* (L.) Huds.

23 a. Meist mehr als 3 (d.h. 4–7) Paar Fiederblättchen, diese oft mit 2 spindelnahen, ein »Kreuz« bildenden Lappen, oder stark unsymmetrisch, meist ungestielt (wenigstens das untere Paar). Blattstiel im Querschnitt etwa halboval, fast ungerieft oder mit mehr als 7 nur schwach hervortretenden Riefen. Pflanze, besonders die Wurzel, mit süßlich-möhrenartigem Geruch. Hfg. tr.-wechself. RZ4 Wies. (G, H, K, A) WZ4
87 Pastinak *Pastinaca sativa* L.

24. (10 a) Grundblätter leierförmig-fiederteilig; Stengelblätter gegenständig, nach oben hin immer tiefer eingeschnitten, zuletzt fiederteilig bis gefiedert mit sehr schmalen Abschnitten: Taubenskabiose *(Scabiosa columbaria)* 127

24 a. Alle Blätter gefiedert, Stengelblätter wechselständig . . . **25**

25. Blätter am Grund mit ± bauchiger Scheide; neben oft ungeteilten Fiederblättchen der Grundblätter weitgehend zerteilte Fiederblättchen besonders der Stengelblätter; Endblättchen nicht größer als die Seitenblättchen: Stein-Bibernelle *(Pimpinella saxifraga)* 76

25 a. Ohne bauchige Blattscheiden; Fiederblättchen der Grundblätter rundlich, ± geschweift oder gelappt mit feinen Zähnchen, die der Stengelblätter länglich bis lineal, nicht oder wenig zerteilt. Endblättchen stets größer als die Seitenblättchen: Wiesenschaumkraut *(Cardamine pratensis)* 80

4.09 Unterbrochen gefiederte Blätter (S. 21, 24)

1. Endblättchen wesentlich größer, oft auch anders geformt als alle Fiederblättchen **2**

1 a. Endblättchen nicht oder wenig größer als die größeren der Fiederblättchen (zuweilen das vordere Blattende nur fiederteilig) **3**

2. Untere Blätter leierförmig gefiedert (Endblättchen im Umriß rundlich, fast halb so lang wie das ganze Blatt), daneben meist nur 1 Paar große, weiterhin einige sehr kleine Fiederblättchen, Blattstiel meist verlängert; reichlich behaart. Selt. wechself.-feu. RZ4 Wies., bes. mont. (J, K, C) WZ 2, als gefährdete Art in der Roten Liste enthalten!
88 Bachnelkenwurz *Geum rivale* L.

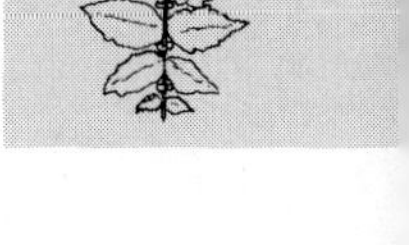

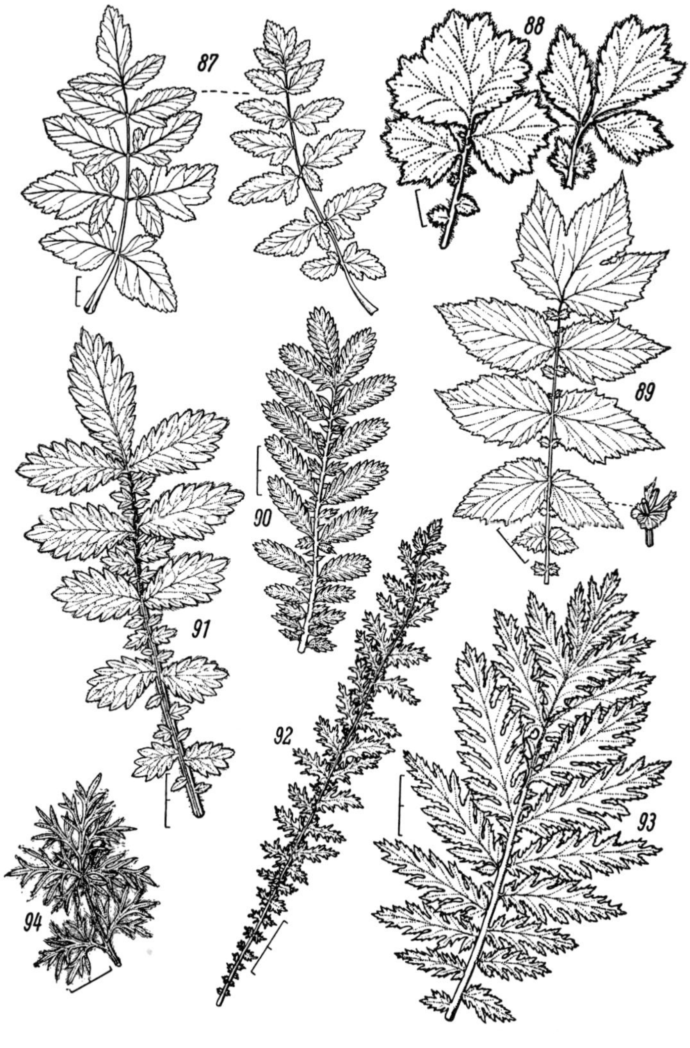

87 Pastinak *(Pastinaca sativa)* **88** Bachnelkenwurz *(Geum rivale)* **89** Mädesüß *(Filipendula ulmaria)* **90** Gänsefingerkraut *(Potentilla anserina)* **91** Odermennig *(Agrimonia eupatoria)* **92** Knollen-Spierstaude *(Filipendula vulgaris)* **93** Rainfarn *(Chrysanthemum vulgare)* **94** Küchenschelle *(Pulsatilla vulgaris)*

2 a. Endblättchen nur ⅓ bis ¼ so lang wie das ganze Blatt, tief 3- (selten 5-)lappig mit spitzen Lappen; meist 2–3 (–5) Paare größerer, nur wenig verschiedener Fiederblättchen im Wechsel mit kleinen; Blätter wenigstens oberseits kahl. Hfg. wechself.-feu. RZ 3 Wies. (J, K, C, D) WZ 3
89 Mädesüß *Filipendula ulmaria* (L.) Maxim.

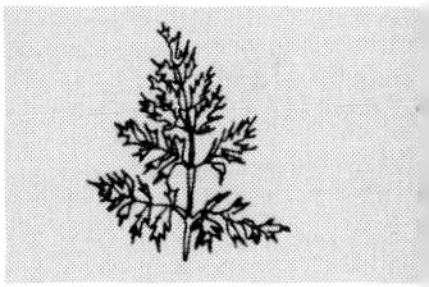

3. Fiederblättchen nur einfach gesägt, gezähnt oder eingeschnitten 4
3 a. Fiederblättchen doppelt gesägt bis fiederteilig-gesägt . . . 5
4. Kriechende Pflanze mit rankenartigem, an den Knoten wurzelndem Stengel und zahlreichen Grundblättern; 6–10 Paare größerer Fiederblättchen, unterseits dicht seidig behaart. Zstr. (gesellig!) fri.-tr. RZ 4 Trittr., Ra. (E, I a) WZ 2
90 Gänsefingerkraut *Potentilla anserina* L.

4 a. Aufrechte Pflanze ohne Kriechstengel und ausgesprochene Grundblätter; meist nur 2–5 Paare größerer Fiederblättchen. Selt. tr. RZ 4 Magerr. (A) WZ 2
91 Odermennig *Agrimonia eupatoria* L.

5. Blattumriß lang und schmal mit bis 20 und mehr Paaren größerer Fiederblättchen. Grundblätter zahlreich, Stengel stielrund bis schwach gerillt. Wurzeln pendelförmig verdickt. Selt. (NW fehld.) tr.-wechself. RZ 4 Wies. (A a, K, G) WZ 2
92 Knollen-Spierstaude *Filipendula vulgaris* Mch.

5 a. Blattumriß oval-elliptisch, meist 6–12 Paar größerer Fiederblättchen, vorderer Teil des Blattes oft nur fiederteilig. Stengel kantig; ohne Wurzelverdickungen. Herb aromatischer Geruch. Selt. tr. RZ 4 Wies., Raine (G), WZ 0
93 Rainfarn *Chrysanthemum vulgare* (L.) Bernh.

4.10 Mehrfach gefiederte Blätter (S. 20, 24)

1. Alle selbständigen Abschnitte des Blattes (Fiederblättchen) bzw. ihre Lappen sind höchstens 2–3 mm breit, Blatt im ganzen sehr fein gegliedert 2
1 a. Die meisten Abschnitte des Blattes (wenigstens am Grund der Fiederblättchen) sind wesentlich breiter als 2–3 mm, bei einer Art bis über 40 mm breit 9
2. Blatt und Stengel in der Jugend auffallend lang behaart; mit einer glockigen, dunkelvioletten Blüte erscheinen zunächst

nur 3 am Grund verwachsene Hochblätter, erst später einige nur spärlich behaarte oder fast kahle Grundblätter. Selt. (bes. W) tr. RZ5 Magerr. (A a) WZ –1, als gefährdete Art in der Roten Liste enthalten!

94 **Küchenschelle** *Pulsatilla vulgaris* Mill.

2 a. Blätter weder auffallend behaart noch erst bei oder nach der Blüte erscheinend **3**

3. Blatt in fadendünne, gebüschelte Abschnitte zerteilt; Pflanze mit braunem Faserschopf am Wurzelhals. Stark würzig (oder nach Schweinen!) riechend. Zstr. (W, SW, S) fri. RZ2 Ödld., Magerr., bes. mont. (B, I b, H) WZ3, als gefährdete Art in der Roten Liste enthalten!

95 **Bärwurz** *Meum athamanticum* Jacq.

3 a. Blattabschnitte nicht fadendünn, Pflanze ohne auffallenden Faserschopf am Wurzelhals **4**

4. Stengel, Blattstiel und Blattabschnitte stielrund, hohl, etwas aufgeblasen; Stengelblätter z. T. nur einfach gefiedert. Selt. (zstr. NW) feu. RZ4 Überschw. (D) WZ –1, als gefährdete Art in der Roten Liste enthalten!

96 **Röhren-Wasserfenchel** *Oenanthe fistulosa* L.

4 a. Blattstiel und Blattabschnitte nicht stielrund, hohl und aufgeblasen, sondern flach, höchstens der Stengel hohl; alle Stengelblätter (bis auf verkümmerte) mehrfach gefiedert **5**

5. Unterste Abschnitte der Fiederblättchen unmittelbar am Blattstiel sitzend (spindelnah, Abb. 97), ein »Kreuz« bildend **6**

5 a. Unterste Abschnitte der Fiederblättchen in einiger Entfernung vom Blattstiel ansetzend (spindelfern, Abb. 98–104) **7**

6. Blatt mit meist 8–12 im Winkel zur Blattstielebene stehenden Fiederblättchenpaaren. Grundblätter mit weißer Scheide am Stielgrund, Scheiden der Stengelblätter an der Spitze zweilappig, am Grund mit fiederartig zerteilten Öhrchen. Stengel kantig gerieft, Pflanze kahl. Hfg. fri.-feu. RZ4 Grünld., bes. mont. (H, G, I, K, J) WZ4, als gefährdete Art in der Roten Liste enthalten!

97 **Kümmel** *Carum carvi* L.

6 a. Blatt mit meist nur 2–5, mehr in der Blattstielebene liegenden Fiederblättchenpaaren, Blattscheiden ohne Öhrchen, Stengel stielrund, höchstens fein gerillt, Pflanze meist ± flaumhaarig: Stein-Bibernelle *(Pimpinella saxifraga)* 76

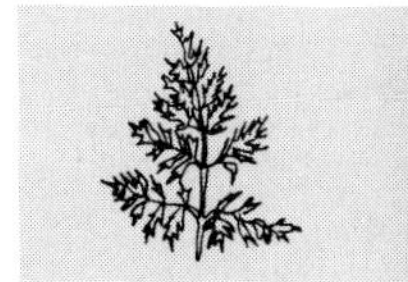

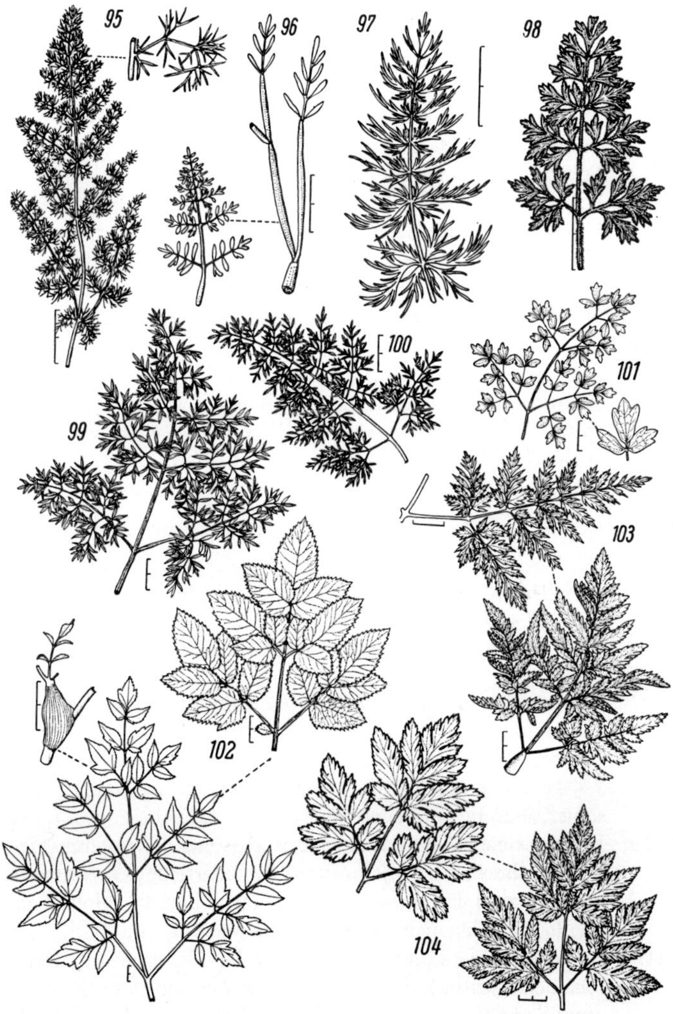

95 Bärwurz *(Meum athamanticum)* **96** Röhren-Wasserfenchel *(Oenanthe fistulosa)* **97** Kümmel *(Carum carvi)* **98** Wilde Möhre *(Daucus carota)* **99** Silau *(Silaum silaus)* **100** Silge *(Selinum carvifolia)* **101** Gelbe Wiesenraute *(Thalictrum flavum)* **102** Engelwurz *(Angelica sylvestris)* **103** Wiesenkerbel *(Anthriscus sylvestris)* **104** Bergkälberkropf *(Chaerophyllum hirsutum)*

7. Blatt und besonders Mittelrippe unterseits kurzborstig, Stengel borstig bis zottig; Möhrengeruch (Fiederblättchen z.T. nur fiederteilig). Zstr. tr.-wechself. RZ4 Wies. (G, H, K, A a) WZ3

98 Wilde Möhre *Daucus carota* L.

7a. Pflanzen ganz kahl, jedenfalls nicht borstig-zottig, ohne ausgesprochenen Möhrengeruch **8**

8. Stengel unten stielrund, höchstens schwach gerieft, Blattstiel ebenso, oberseits ohne oder mit nur angedeuteter Furche; letzte Blattabschnitte meist mit rötlicher Stachelspitze. Zstr./selt. (N s. selt.) wechself.-tr. RZ4 Wies. (K, G, H, J) WZ2, als gefährdete Art in der Roten Liste enthalten!

99 Silau, Silge *Silaum silaus* (L.) Schinz et Thell.

8a. Stengel kantig gefurcht bis geflügelt, Blattstiel ± fünfkantig, stark gerieft, oberseits mit deutlicher Furche; letzte Blattabschnitte mit schlanker, fast stechender weißer Stachelspitze. Selt. (bes. S) wechself. RZ4 Wies. (K, J) WZ3, als gefährdete Art in der Roten Liste enthalten!

100 Silge *Selinum carvifolia* L.

9. (1 a) Letzte selbständige Blattabschnitte keilförmig bis oval mit höchstens 2–4 Zähnen am Vorderende; Pflanze ohne auffallende Scheiden am Blattgrund. Selt. (tiefe Lagen) wechself. RZ4 Wies. (K) WZ –1

101 Gelbe Wiesenraute *Thalictrum flavum* L.

9a. Letzte selbständige Blattabschnitte ringsum gesägt oder tiefer eingeschnitten; Blattscheiden stark entwickelt **10**

10. Letzte Abschnitte groß (zusammenhängende Fläche bis 7 × 4 cm), unregelmäßig gesägt, zuweilen zweilappig und schief, aber nie tief fiederteilig **11**

10a. Letzte selbständige Abschnitte wenigstens der unteren Fiederblättchen tief eingeschnitten bis fiederteilig; Gesamtblatt meist nur 15–25 cm lang. Stengel nicht bereift, mindestens gerillt, Scheiden nicht besonders weitbauchig **12**

11. Junge Teile mit Milchsaft, Stengel ± bereift, stielrund, Blattscheiden weitbauchig aufgeblasen, oft die Sproßspitzen umhüllend. Gesamtblatt bis über 50 cm lang, stets doppelt (bis dreifach) gefiedert. Blattstiel hohl, Stielrücken rund oder nur schwach kantig, Furche der Oberseite flach, schmaler als der Stiel (nur bei jungen Blättern so breit wie der Stiel), mit geflügelten Rändern. Dicker, spindelförmiger Wurzelstock. Zstr. feu. RZ2 Wies. (J, K, C, H) WZ2

102 Engelwurz *Angelica sylvestris* L.

11 a. Pflanze ohne Milchsaft. Stengel kantig-gefurcht, Blattscheiden nicht auffallend weitbauchig. Gesamtblatt meist nicht länger als 20 cm lang, nur z. T. doppelt gefiedert, daneben einfach dreiteilige und doppelt dreiteilige Blätter; seitliche Abschnitte oft tief zweigeteilt (»Geißfuß«), Blattstiel markig (nur selten engröhrig hohl), im Querschnitt dreikantig mit fast ebenen Flanken, sehr selten schwach fünfkantig, Furche der Oberseite sehr flach und breit. Dünne unterirdische Ausläufer mit knolligen Verdickungen: Geißfuß *(Aegopodium podagraria)* 64

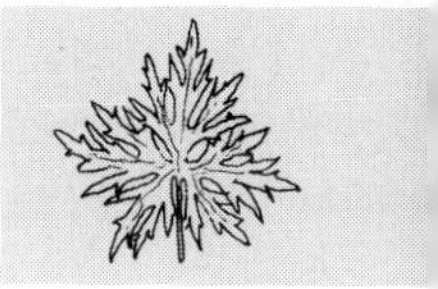

12. Unterste Fiederblättchen viel kleiner als der restliche Teil des Blattes, mit meist 4 und mehr selbständigen Abschnittspaaren (Fiederblättchen 2. Ordnung). Blatt lebhaft grün, glänzend, Stengel scharfkantig gefurcht; unangenehm riechend. Aufrechter, fleischiger verästelter Wurzelstock. Hfg. fri. RZ 4 Wies., bes. Überdüngg. (G, H) WZ 4
103 Wiesenkerbel *Anthriscus sylvestris* (L.) Hoffm.

12 a. Unterste Fiederblättchen fast oder eben so groß wie der restliche Teil des Blattes, mit meist nur 1–2 selbständigen Abschnittspaaren (Fiederblättchen 2. Ordnung). Blatt graugrün, matt, Stengel stielrund, gerillt. Geruch apfelähnlich. Unterirdische Ausläufer. Zstr. (NW fehld.) feu. RZ 2 Wies., Gräben, bes. mont. (H, J) WZ 1
104 Bergkälberkropf *Chaerophyllum hirsutum* L.

4.11 Fingerteilige, handförmige Blätter (S. 21, 24)

1. Am Grunde des Blattstiels finden sich spitzovale bis lanzettliche (bei Grundblättern meist ± rotbraune oder violette) Nebenblätter. Stengelblätter fast stets gegenständig. Pflanzen entweder mit einfacher Pfahlwurzel (kleinblättrige Arten) oder mit 7–15 mm dickem, kriechendem, schrägem bis aufrechtem, ± verzweigtem, ± von Nebenblattresten bedecktem Wurzelstock (Blüten rot- bis blauviolett, in Blattachseln stehend) **2**

1 a. Ohne Nebenblätter, Stengelblätter wechselständig. Pflanzen mit kurzem, meist stehendem Wurzelstock (ohne Nebenblattreste) und zahlreichen Faserwurzeln (Blüten gelb, an der Stengel- bzw. Zweigspitze stehend) **7**

2. Blätter klein (1–5 cm Durchmesser), im Umriß rundlich bis nierenförmig, nicht tiefer als auf ¾ des Durchmessers eingeschnitten; mit kleiner Pfahlwurzel **3**

2 a. Blätter im Umriß vieleckig, tief auf ¾ bis 9/10 des Durchmessers eingeschnitten, bei manchen Arten über 10 cm im Durchmesser; mit kräftigen Wurzelstöcken **4**

3. Blatt meist nur bis zur Hälfte eingeschnitten, die 7–9 Lappen bis zu ⅓ ihrer Länge in 3–5 stumpfe Zipfel zerteilt. Blattstiel dicht zottig (einzelne Haare viel länger als der Durchmesser des Stiels), Blatt beiderseits abstehend weich behaart. Zstr. fri. RZ 2 lückige Narben (I, H, G, B, A) WZ 1
105 **Weichhaariger Storchschnabel** *Geranium molle* L.

3 a. Blatt ⅔ bis ¾ eingeschnitten, die 7–9 Lappen bis zur Hälfte ihrer Länge in 3–5 spitze Zipfel zerteilt, nur locker mit kurzen Haaren besetzt; Blattstiel ± dicht kurzhaarig, ohne einzelne längere Haare. Selt. fri.-tr. RZ 3 lückige Narben (I, H, G) WZ 1
106 **Kleiner Storchschnabel** *Geranium pusillum* L.

4. Blatt 2–5 cm im Durchmesser, fast bis zum Grund eingeschnitten, Lappen unregelmäßig in 1–3 mm breite Zipfel zerteilt, beiderseits zerstreut rauhhaarig. Zstr. fri.-tr. RZ 3 lückige Narben (I, H, G, A) WZ 1
107 **Schlitzblättriger Storchschnabel** *Geranium dissectum* Jusl.

4 a. Grundblätter 6–15 cm im Durchmesser, auf ⅘ bis 9/10, aber nicht bis zum Grund eingeschnitten; Lappen ± unterteilt und zudem spitz gezähnt **5**

5. Blattlappen breit, meist nur ± unregelmäßig gezähnt oder mit einzelnen mäßig tiefen Einschnitten, aber nicht tief fiederteilig. Blatt (wesentlich) breiter als lang; angedrückt behaart. Selt. (bes. S) fri.-feu. RZ 3 Wies., bes. mont. (H) WZ 2
108 **Waldstorchschnabel** *Geranium sylvaticum* L.

5 a. Blattlappen schmal, mit keilförmigem Grund, meist tief fiederspaltig bis fiederteilig **6**

6. Pflanze schlaff, zuweilen klimmend; Blattstiel weichzottig behaart, Nebenblätter kahl. Selt. (NW z. T. fehld.) feu. RZ 4 Wies., Ufer (J) WZ 2
109 **Sumpfstorchschnabel** *Geranium palustre* L.

6 a. Pflanze kräftig, Blattstiel meist rückwärts kurz und weich bis borstig behaart, Nebenblätter fein angedrückt behaart (diejenigen der Grundblätter nur am Grunde unauffällig behaart

»Lupe!«). Zstr. (NW, W selt.) tr.-wechself. RZ 4 Wies. (G, H, K) WZ 2
110 Wiesenstorchschnabel *Geranium pratense* L.

7. (1 a) Grundblätter im Umriß nierenförmig (kürzer als breit), gekerbt-gesägt oder 3–5-lappig, obere Stengelblätter bis zum Grund in lineale ganzrandige Zipfel zerteilt. Selt. wechself.-feu. RZ 2 Wies. (K, J, D, C) WZ –1
111 Goldhahnenfuß *Ranunculus auricomus* L.

7 a. Grund- und Stengelblätter anders gestaltet 8
8. Blatt dreilappig; radieschenförmige Knolle dicht unter der Bodenoberfläche. Zstr. tr. RZ 4 Grünld., Ra. (I a, G, H) WZ 1
112 Knollenhahnenfuß *Ranunculus bulbosus* L.

8 a. Ohne Knolle am Grund der Pflanze 9
9. Pflanze ganz kahl, Blatt tief handteilig mit relativ breiten, z. T. tief eingeschnitten-gesägten Lappen; Stengel meist unverzweigt. Zstr. (NW fehld.) Selt. fri.-feu. RZ 3 Wies., bes. mont. (H, J) WZ –1, als gefährdete Art in der Roten Liste enthalten!
113 Trollblume *Trollius europaeus* L.

9 a. Wenigstens junge Blätter und Stiele ± behaart, Stengel meist verzweigt 10
10. Blatt dreilappig (bei sehr tief gespaltenen Seitenteilen scheinbar fünflappig), obere Stengelblätter mit linealen Zipfeln; Stengel und Blütenstiele gefurcht, wie die Blätter abstehend rauhhaarig. Blatt mit Ausnahme der Spitze meist dunkel überflogen, mit einigen scharf begrenzten hell- bis weißlichgrünen Flecken. Zstr. fri.-feu. RZ 2 Magerr., bes. mont. (I b, H, B, K, C) WZ 1
114 Waldhahnenfuß *Ranunculus nemorosus* DC

10 a. Blattform sehr wechselnd, meist tief 5- bis 7-lappig mit tief eingeschnittenen, bis fast hand- oder fiederteiligen Lappen mit schmalen Zipfeln. Stengel am Grunde hohl, wie die Blütenstiele nicht gefurcht. Junge Blätter und mindestens die oberen Stengelteile fein angedrückt behaart; Blätter zuweilen am Grund der Lappen braun- bis schwarzrot gefleckt. Vbtt. fri.-feu. RZ 3 Grünld., Ra. (I, H, G, J) WZ 1
115 Scharfer Hahnenfuß *Ranunculus acris* L.

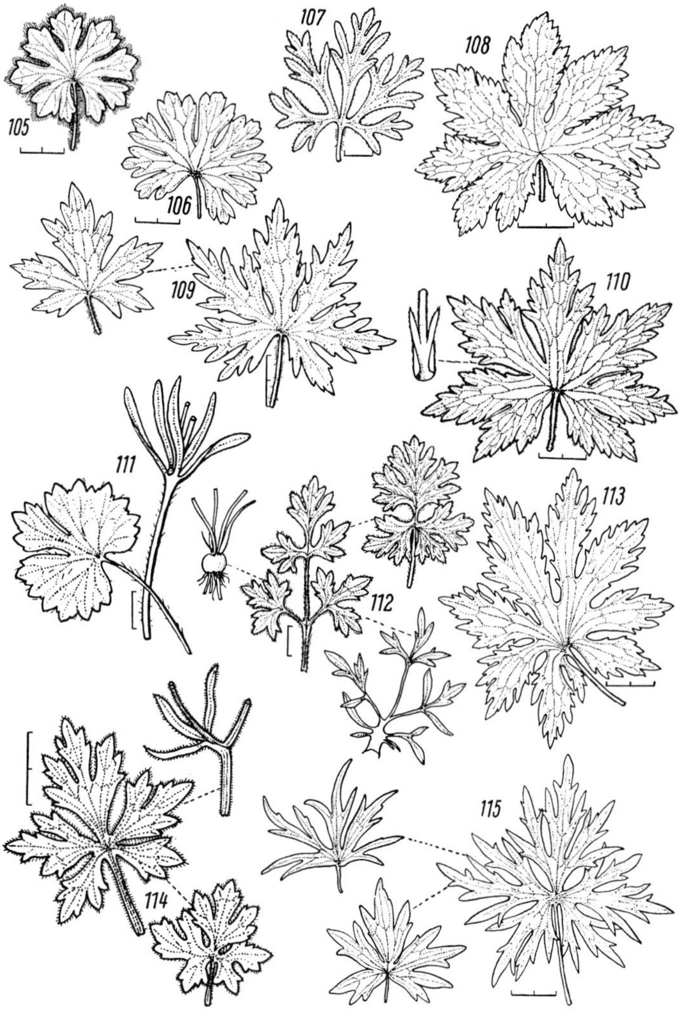

105 Weichhaariger Storchschnabel *(Geranium molle)* **106** Kleiner St. *(G. pusillum)* **107** Schlitzblättriger St. *(G. dissectum)* **108** Waldstorchschnabel *(G. sylvaticum)* **109** Sumpfstorchschnabel *(G. palustre)* **110** Wiesenstorchschnabel *(G. pratense)* **111** Goldhahnenfuß *(Ranunculus auricomus)* **112** Knollenhahnenfuß *(R. bulbosus)* **113** Trollblume *(Trollius europaeus)* **114** Waldhahnenfuß *(Ranunculus nemorosus)* **115** Scharfer Hahnenfuß *(R. acris)*

4.12 Fiederteilige Blätter (S. 21, 24)

1. Blätter am Rand weichstachelig oder mit auffallend eng und regelmäßig stehenden scharfen (nicht stechenden) Zähnen **2**

1 a. Blätter in anderer Weise am Rand gekerbt, gezähnt oder auch glattrandig, kahl oder behaart **5**

2. Alle Blätter einer Pflanze ähnlich geformt **3**

2 a. Neben fiederteiligen oder leierförmig-fiederteiligen Blättern finden sich auch ungeteilte Blätter an ein- und derselben Pflanze **4**

3. Nebenwurzeln spindelförmig verdickt; Blätter sehr gleichförmig, meist doppelt fiederteilig, unterseits grau (lockerspinnwebig bis wollig), Randstacheln z. T. mäßig stark stechend. Blattgrund nicht oder nur halb stengelumfassend. Selt. (bes. SW, S) wechself. RZ 4 Magerr., Wies. (K, G, A a) WZ 2, als gefährdete Art in der Roten Liste enthalten!

116 Knollige Distel *Cirsium tuberosum* (L.) All.

[Ähnlich der Knolligen Distel (116), aber ohne Verdikkung der Seitenwurzeln, vielfach mit nur buchtig gezähnten Blättern. Nur NW, wechself.-feu. RZ 1 Wies.: Englische Kratzdistel *Cirsium dissectum* (L.) Hill, als gefährdete Art in der Roten Liste enthalten!]

3 a. Nebenwurzeln nicht verdickt; neben tief fiederteiligen finden sich auch seicht fiederspaltige Blätter, unterseits grün, ± dicht kraushaarig, alle Randstacheln weich, nicht stechend; Blattgrund meist herzförmig und großenteils stengelumfassend. Selt. (bes. S, O) feu. RZ 4 Wies. (J, C) WZ 2, als gefährdete Art in der Roten Liste enthalten!

117 Bachdistel *Cirsium rivulare* (Jacq.) All.

4. Blätter hellgrün, teilweise ungeteilt und ± spitzoval, teilweise fiederteilig, alle unregelmäßig weichstachelig-borstig, Stengelblätter z. T. mit herzförmigem Grund stengelumfassend; Stengel hohl, meist weichstachelig bewimpert. Hfg. (NW selt.) wechself.-feu. RZ 4 Wies. (J, K, G, C) WZ 4

118 Kohldistel *Cirsium oleraceum* (L.) Scop.

4 a. Blätter normalgrün, untere meist ungeteilt, oval bis lanzettlich und lang gestielt, obere leierförmig-fiederteilig, nicht stengelumfassend, alle scharf und regelmäßig klein gesägt, Stengel meist markig, kahl: Färberscharte *(Serratula tinctoria)* 153

5. (1 a) Seltene, höchstens 15 cm hohe Pflanze mit nur e i n e m fiederteiligen Blatt und einem rispigen Fruchtstand; Teilblättchen sich deckend, sichel- oder keilförmig: M o n d r a u t e *(Botrychium lunaria)* 75

5 a. Pflanzen mit mehreren Blättern bzw. mit anderen Merkmalen **6**

6. Blatt und Stengel in der Jugend auffallend lang behaart; mit einer glockigen dunkelvioletten Blüte erscheinen zunächst 3 am Grunde verwachsene, mehrfach unterteilte schmalzipflige Hochblätter, erst später einige 2- bis 3-fach fiederteilige Grundblätter ohne auffällige Behaarung: K ü c h e n s c h e l l e *(Pulsatilla vulgaris)* 94

6 a. Grundblätter lange vor der Blüte erscheinend, nicht auffallend lang behaart (wohl zuweilen kurzhaarig-kurzborstig) **7**

7. Massige Staude mit auffallend weitbauchigen Blattscheiden; Fiederabschnitte meist nur 3–5–7, ± gelappt, grob gekerbtgesägt, ganze Pflanze rauhhaarig-borstig: B ä r e n k l a u *(Heracleum sphondylium)* 85

7 a. Merkmale anders, ohne weitbauchige Blattscheiden **8**

8. Alle Blätter in einer bodenanliegenden (höchstens in dichten Pflanzenbeständen angehobenen) strahlenförmig angeordneten Rosette, sämtlich mit Milchsaft (zuweilen spärlich, s. S. 17), Blütenstengel höchstens mit schmalen Hochblättern*) . . 9

8 a. Pflanzen mit grundständiger Blattrosette und b e b l ä t t e r t e m Stengel oder ohne Grundrosette, mit oder ohne Milchsaft*) **15**

9. Milchsaft reichlich, Blätter vielgestaltig: tief eingeschnitten, fiederspaltig bis schrotsägeförmig; ihre Zipfel meist spitz und etwas nach rückwärts gerichtet, ganzrandig oder nochmals gezähnt, untere Blatthälfte meist stärker zerteilt als die obere, die oft mit einem breit-dreieckigen Abschnitt endet. Pflanze kahl, höchstens in der unteren Blatthälfte anliegend weichhaarig; Mittelrippe am Blattgrund meist deutlich hohl; Blütenstiel weitröhrig. Vbtt. fri. RZ 4 Grünld., Ra. (I, G, H, E, K, J) WZ 5

119 Gewöhnlicher Löwenzahn *Taraxacum officinale* Web.

*) Z u 8 u n d 8 a. Für die hier aufzusuchenden Arten ergibt sich eine grundsätzliche Schwierigkeit: Im Frühjahr bzw. allgemein bei Jugendstadien ist nicht festzustellen, ob die Pflanze auch später nur eine Blattrosette behält oder einen b e b l ä t t e r t e n Stengel entwickeln wird. In Zweifelsfällen bleibt keine andere Möglichkeit, als nach älteren Exemplaren zu suchen oder die weitere Entwicklung abzuwarten.

9 a. Milchsaft spärlich; untere Blatthälfte nicht stärker als die obere zerteilt, Blütenstiele nicht weitröhrig, auch Blattmittelrippe nicht hohl **10**

10. Blattrosette meist dem Boden fest anliegend (wenn nicht von Nachbarpflanzen angehoben); Blattzipfel meist ± nach vorn, nur selten etwas nach hinten gerichtet **11**

10 a. Blattrosetten dem Boden nicht fest anliegend, Blätter ± schräg aufstrebend (Arten stets mit später beblättertem Stengel) **13**

11. Blatt tief fiederteilig mit schmalen, lineal-lanzettlichen, meist ganzrandigen Zipfeln und schmalem Endzipfel; Zipfel meist viel schmaler als ihre Zwischenräume. Vbtt. tr.-wechself. RZ 3 Weid., Ra., auch Wies. (I, E) WZ 5

120 Herbstlöwenzahn *Leontodon autumnalis* L.
[Verwechslungsmöglichkeit: Grundblätter von 123 *Crepis capillaris*]

11 a. Blatt meist nur seicht (nicht bis nahe der Mittelrippe) eingeschnitten, Zipfel nicht lineal-lanzettlich, sondern spitz oder stumpf dreieckig (z. T. schwer unterscheidbare Arten) . . **12**

12. Blatt ziemlich derb, buchtig gezähnt, Zähne vorn abgerundet, schmaler als die Einschnitte; Blatt etwas pockig, steifborstig, Borsten einfach (nicht gegabelt, Lupe!): Ferkelkraut *(Hypochoeris radicata)* 154
[Verwechslungsmöglichkeit: Grundblätter von 122 *Crepis biennis*]

12 a. Blatt nicht besonders derb, in der Form sehr variabel, fiederteilig bis fast ganzrandig, Zähne häufiger spitz; Form und Breite der Blattzipfel meist ähnlich derjenigen der Einschnitte. Pflanze kahl oder mit 2–3-teiligen Sternhaaren (Lupe!): Rauher Löwenzahn *(Leontodon hispidus)* 155

13. Rosettenblätter kahl oder höchstens auf den Nerven schwach behaart (einfache Haare), buchtig gezähnt bis tief fiederteilig mit meist schmalen, häufiger nach vorn gerichteten Zipfeln: Dünnästiger Pippau *(Crepis capillaris)* 123

13 a. Rosettenblätter ± behaart (einfache Haare), Zipfel häufiger nach hinten gerichtet **14**

14. Rosettenblätter mindestens unterseits steifhaarig-borstig; Blätter meist schrotsägeförmig mit breit dreieckigen Zipfeln. Dicke, tiefreichende, rübenähnliche Pfahlwurzel: Wegwarte *(Cichorium intybus)* 121

14 a. Rosettenblätter ± dicht kurzhaarig, neben schrotsägeförmigen einfach gezähnte, fiederteilige oder zerschlitzte Formen; kurze, früh durch spindelförmige Beiwurzeln ergänzte Wurzel: Wiesenpippau *(Crepis biennis)* 122

15. (8 a) Pflanzen mit (oft spärlichem) Milchsaft **16**

15 a. Pflanzen ohne Milchsaft **18**

16. Pflanze mit besonders zähem, derbem, oberwärts sperrigästigem Stengel. Grundblätter kurz gestielt, untere Stengelblätter mit gestutztem oder schwach pfeilförmigem Grund, alle ± schrotsägeförmig; obere Stengelblätter weniger tief eingeschnitten. Selt. tr. RZ 4 Weid., Ra. (I a) WZ 1

121 Wegwarte *Cichorium intybus* L.

16 a. Stengel nicht besonders zäh, steif oder sperrig; Blätter ± gezähnt bis fiederteilig, zerschlitzt oder schrotsägeförmig **17**

17. Obere Stengelblätter mit verschmälertem oder höchstens schwach pfeilförmigem Grund sitzend; Blattzipfel meist nach rückwärts gerichtet; wenigstens die Rosettenblätter ± dicht kurzhaarig, ihre Zähne nicht oder nur undeutlich nochmals gezähnt. Vbtt. (N seltener) fri. RZ 4 Wies. (G, H, K) WZ 4

122 Wiesenpippau *Crepis biennis* L.

17 a. Obere Stengelblätter mit fiederspaltig zerschlitztem Grund ± stengelumfassend; Blattzipfel häufiger nach vorn gerichtet; Rosettenblätter höchstens auf den Nerven schwach behaart, oft doppelt gezähnt. Zstr. (NW selt.) tr.-fri. RZ 3 Grünld. (I, G, H) WZ 4

123 Dünnästiger Pippau *Crepis capillaris* (L.) Wallr.

18. Blätter der einzelnen Pflanze meist untereinander ähnlich, wenn auch graduell verschieden **19**

18 a. Blätter der einzelnen Pflanze mit stets wesentlich verschiedenen Formen **24**

19. Stengelblätter gegenständig, Stengel vierkantig, voll entwickelte Blätter z. T. am Grunde tief fiederteilig, sonst grob und tief gesägt: Wolfstrapp *(Lycopus europaeus)* 182

19 a. Stengelblätter wechselständig **20**

20. Alle Blätter der Pflanzen völlig gleichförmig, vorwiegend im strengen Sinn einfach oder unterbrochen gefiedert mit gleichartigen Fiederblättchen, höchstens teilweise fiederteilig **21**

20 a. Blätter nie im strengen Sinn gefiedert, sondern stets nur fiederteilig, die Fiederblättchen nie ganz gleichförmig . . **22**

21. Blätter großenteils im strengen Sinn unterbrochen gefiedert, im vorderen Teil ± fiederteilig; Fiederblättchen sehr regelmäßig doppelt gesägt bis fiederteilig gesägt.

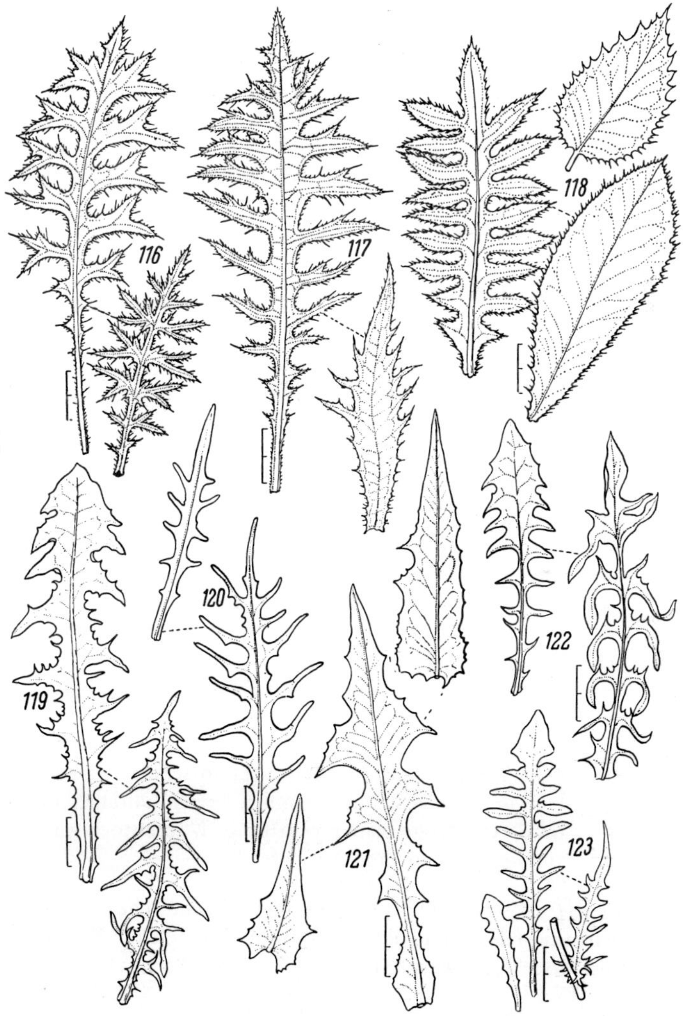

116 Knollige Distel *(Cirsium tuberosum)* **117** Bachdistel *(C. rivulare)* **118** Kohldistel *(C. oleraceum)* **119** Gewöhnlicher Löwenzahn *(Taraxacum officinale)* **120** Herbstlöwenzahn *(Leontodon autumnalis)* **121** Wegwarte *(Cichorium intybus)* **122** Wiesenpippau *(Crepis biennis)* **123** Dünnästiger Pippau *(C. capillaris)*

Hochwüchsige Staude (60–120 cm hoch) mit herb aromatischem Geruch: Rainfarn *(Chrysanthemum vulgare)* 93

21 a. Blätter meist im strengen Sinn einfach gefiedert mit ± fiederteiligen Fiederblättchen, verbindende Blattflächenstreifen jedenfalls sehr schmal. Niedrige bis mittelhohe Arten (einige cm bis 30 cm hoch), ohne aromatischen Geruch: Läusekrautarten *(Pedicularis spec.)* 78/79

22. Blätter größtenteils fiederteilig bis nahezu gefiedert, auch doppelt fiederteilig, selten ungeteilt oder nur teilweise fiederteilig, nicht stengelumfassend, Abschnitte stumpf oder nur wenig spitz, ± langoval, Blätter beiderseits borstig rauh; tiefreichende Pfahlwurzel. Zstr. (NW selt.) tr. RZ 4 Wies., Magerr. (A a, G, H) WZ 3

124 Grindflockenblume *Centaurea scabiosa* L.
[Verwechslungsmöglichkeit: Gewöhnliche Flokkenblume *(Centaurea jacea)* 177, wenn Grundblätter nicht mehr vorhanden.]

22 a. Alle Blätter tief fiederteilig bis doppelt fiederteilig, Abschnitte wenigstens der unteren Blätter schmal, spitz und zudem gezähnt oder gesägt, meist deutlich nach vorn gerichtet. Kahl oder ± weich- bis wollig-behaart **23**

23. Blätter unterseits meist spinnwebig-wollig, Stengelblätter auch am Grund noch mit öhrchenähnlichen, den Stengel ± umgreifenden ungeteilten Zipfeln; Wurzelstock liegend, Seitenknospen und Ausläufer bildend. Selt. (S hfg.) tr.-wechself. RZ 4 Magerr. (A a, H) WZ –1

125 Raukenblättriges Greiskraut *Senecio erucifolius* L.
[Verwechslungsmöglichkeit: Jakobs-Greiskraut *(Senecio jacobaea)* 128, wenn Grundblätter verschwunden; Blattabschnitte jedoch nicht so schmal, namentlich der Endabschnitt ziemlich breit; Öhrchen der mittleren Stengelblätter vielzipflig. Wurzelstock kurz, verzweigt, aber ohne Ausläufer.]

23 a. Blätter unterseits höchstens fein und schlicht behaart, Stengelblätter meist ohne öhrchenähnliche Zipfel; lange Wurzelausläufer. Zstr. wechself.-feu. RZ 4 Grünld., Trittr. (E, F, K) WZ 1

126 Waldkresse *Rorippa sylvestris* (L.) Bess.

24. (18 a) Stengelblätter gegenständig **25**

24 a. Stengelblätter wechselständig **27**

25. Grundblätter und untere Stengelblätter spitzoval, ungeteilt und ganzrandig oder nur wenig geschweift; obere Stengelblätter einfach oder leierförmig-fiederteilig. Pflanze ganz kahl, mit oberirdischen Ausläufern: Kleiner Baldrian *(Valeriana dioica)* 179

25 a. Grundblätter nur selten oder nur z. T. völlig ganzrandig, meist gezähnt, einfach fiederteilig oder leierförmig-fiederteilig, Pflanzen ± behaart, ohne oberirdische Ausläufer . . **26**

26. Untere Blätter leierförmig-fiederlappig bis fiederteilig, die Lappen am Rand mit rundlichen Abschnitten gekerbt; nach oben folgende Blätter immer stärker zerteilt, zuletzt fiederteilig bis gefiedert mit vereinzelt gezähnten, zuletzt sehr schmalen, linealen Abschnitten. Pflanze kahl bis schwach kraushaarig. Zstr. (N, NW selt. od. fehld.) tr. RZ 5 Magerr. (A a, G, H, K) WZ 3

127 **Taubenskabiose** *Scabiosa columbaria* L.

26 a. Grundblätter meist ungeteilt, ganzrandig oder mit nur einzelnen Zähnen; die übrigen Blätter einfach bis leierförmig-fiederteilig, ihre Abschnitte ± spitz, vereinzelt gezähnt. Obere Stengelblätter tief fiederteilig mit meist ganzrandigen schmalen Zipfeln. Pflanze gewöhnlich behaart, Blätter mit schmalem, weißem Haarsaum; Stengel unten oft mit roten Flecken: Witwenblume *(Knautia arvensis)* 180

27. Blätter großenteils fiederteilig bis leierförmig-fiederteilig, Lappen reichlich gekerbt-gezähnt oder tiefer eingeschnitten; grundständige Blätter z. T. ungeteilt, unregelmäßig gekerbt. Stengelblätter gestielt oder mit mehrzipfligen Öhrchen sitzend **28**

27 a. Blätter sehr verschieden geformt, nie leierförmig; Zipfel etwaiger fiederteiliger Blätter meist ungeteilt, nicht gekerbt oder gesägt **29**

28. Untere (zur Blütezeit oft schon abgestorbene) Blätter leierförmig-fiederteilig, Stengelblätter fiederteilig mit gezähnten, z. T. wieder fiederteiligen Lappen, die oberen mit tiefspaltigen Öhrchen sitzend; Stengel kantig, gerillt. Pflanze kahl bis locker spinnwebig-wollig; Wurzelstock ± senkrecht, kurz »abgebissen«. Zstr. tr.-wechself. RZ 4 Magerr. (H, I b, B, A) WZ –1

128 **Jakobs-Greiskraut** *Senecio jacobaea* L.

28 a. Grundblätter bis zum Sommer in bodenanliegender Rosette, länglich oval, oft nur unregelmäßig grobgekerbt oder aber leierförmig-fiederteilig. Stengelblätter leierförmig-fiederteilig mit schräg vorwärts gerichteten, unregelmäßig gekerbten Seitenlappen und oft langem schmalem Endlappen, Öhrchen

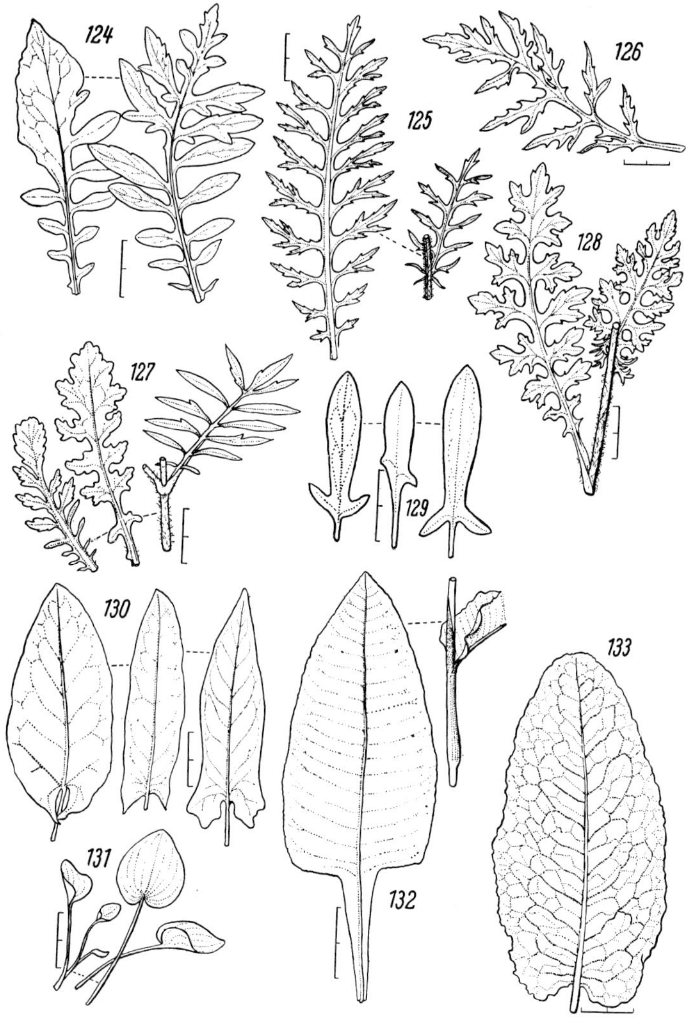

124 Grindflockenblume *(Centaurea scabiosa)* **125** Raukenblättriges Greiskraut *(Senecio erucifolius)* **126** Waldkresse *(Rorippa sylvestris)* **127** Taubenskabiose *(Scabiosa columbaria)* **128** Jakobs-Greiskraut *(Senecio jacobaea)* **129** Kleiner Ampfer *(Rumex acetosella)* **130** Sauerampfer *(R. acetosa)* **131** Sumpfherzblatt *(Parnassia palustris)* **132** Wiesenknöterich *(Polygonum bistorta)* **133** Stumpfblättriger Ampfer *(Rumex obtusifolius)*

am Grund des Blattstiels nicht oder nur einfach geteilt. Stengel stielrund, Pflanze meist ganz kahl: Wassergreiskraut *(Senecio aquaticus)* 169

29. Blätter dicht mit Sternhaaren besetzt (Lupe!). Am Stengelgrund vielblättrige Blattrosette, Stengelblätter sitzend, mit ungeteiltem Öhrchen stengelumfassend. Stengel stielrund; kurzlebige, schwach bewurzelte Pflanze: Hirtentäschel *(Capsella bursa-pastoris)* 171

29 a. Blätter kahl oder durch einfache Haare borstig bis spinnwebig oder filzig. Stengel meist ± kantig; langlebige Pflanzen mit ± ästigem Wurzelstock 30

30. Blattumriß ± spatelförmig, Blatt kahl bis zerstreut behaart, etwas fleischig; Grundblätter ± lang gestielt mit keilförmigem Grund, häufiger nur gekerbt als fiederteilig, seltener mit spitz gezähnten Fiederlappen: Wucherblume, Margerite *(Chrysanthemum leucanthemum)* 175

30 a. Blattumriß lanzettlich bis spitzoval; Blätter kahl oder borstig bis spinnwebig oder filzig behaart, z. T. fast ganzrandig oder in größerem Abstand fein gezähnt, z. T. ± buchtig gezähnt bis fiederteilig. Untere Stengelblätter in den Stiel verschmälert, obere sitzend, am Grunde zuweilen durch einzelne Zähne fast spießförmig: Gewöhnliche Flockenblume *(Centaurea jacea)* 177
[Nicht in jedem Zustand zu unterscheiden: Schwarze Flockenblume *(Centaurea nigra)* 178.]

4.13 Nicht in Stiel verschmälertes Blatt (S. 21, 24)

1. Blätter, von Einschnitten oder Vorsprüngen des Blattgrundes abgesehen, ganzrandig oder höchstens wellig geschweift 2

1 a. Blattrand ringsum ± gekerbt, gesägt oder gezähnt 14

2. Blattgrund pfeil- oder spießförmig (Abb. I h, i) 3

2 a. Blattgrund herzförmig, nierenförmig oder gestutzt (Abb. I k, l, 132) 5

3. Pflanze mit windendem oder liegendem Stengel, nicht sauer schmeckend, Blattgrund meist spießförmig: Ackerwinde *(Convolvulus arvensis)* 24

3 a. Pflanzen nicht windend, ± sauer schmeckend 4

4. Blattgrund spieß- oder halbspießförmig mit seitwärts oder auch vorwärts gerichteten Ecken, Blätter schmal (meist schmaler als 1 cm), mit fehlenden oder undeutlichen Seiten-

nerven, Pflanze selten höher als 20–25 cm. Zstr. tr. RZ 1 Magerr. (A b, B, I b) WZ 1

129 **Kleiner Ampfer** *Rumex acetosella* L.

4 a. Blattgrund pfeilförmig oder eckig, Ecken nach hinten gerichtet, Blätter meist über 1–2 cm breit, mit deutlichen Seitennerven, Pflanze 30–100 cm hoch. Vbtt. fri.-feu. RZ 3 Grünld., selt. Weid. (H, G, K, C) WZ 4

130 **Sauerampfer** *Rumex acetosa* L.

[Recht ähnlich Straußblütiger Sauerampfer *R. thyrsiflorus* Fingerhuth]

5. Das ganze Blatt (nicht nur der Blattgrund) herzförmig, nicht wesentlich länger als breit, in eine ± deutliche (wenn auch abgerundete) Spitze auslaufend **6**

5 a. Blätter bei herzförmigem Grund länglich (oval-langoval-spitzoval) oder rundlich bis rundlich-dreieckig **8**

6. Grundblätter ausgesprochen herzförmig mit tief eingeschnittenem Blattgrund, daneben nur ein herzförmig umfassendes Vorblatt am Blütenstiel; neben parallelbogigen, unterseits deutlichen Hauptnerven nur in der Durchsicht erkennbare dichtnetzige Nerven; Blatt etwas dicklich. Selt. wechself. RZ 3 Magerwies. (C, J, K) WZ 1, als gefährdete Art in der Roten Liste enthalten!

131 **Sumpfherzblatt** *Parnassia palustris* L.

6 a. Nur einzelne Blätter der Pflanze sind am Grunde undeutlich herzförmig; daneben auch anders geformte, längliche oder ± gegliederte Blätter **7**

7. Blätter gegenständig, mit deutlichem Nervennetz. Neben herzförmigen auch rautenförmige und fiederteilige Blätter (an aufrechten Stengeln): Kleiner Baldrian *(Valeriana dioica)* 179

7 a. Blätter wechselständig, nur Längsnerven deutlich, doch auch Netznerven vorhanden. Neben seltenen herzförmigen auch ovale bis lanzettliche Blätter ohne eingeschnittenen Grund: Brennender Hahnenfuß *(Ranunculus flammula)* 176

8. Blätter lang gestielt **9**

8 a. Blätter kurz gestielt oder sitzend **11**

9. Blattgrund plötzlich quergestutzt und in wellige Flügel am Blattstiel fortgesetzt, Blatt mit vielen gleichlaufenden Fiedernerven, unterseits bläulich grün. Pflanze mit meist S-förmig gekrümmtem dickem Wurzelstock. Zstr./selt. wechself.-feu. RZ 2 Wies., bes. mont. (H, J, C) WZ 4, als gefährdete Art in der Roten Liste enthalten!

132 **Wiesenknöterich** *Polygonum bistorta* L.

9 a. Blattgrund abgerundet, Blattstiel nicht geflügelt, Blatt mit verzweigtem Nervennetz; Wurzelstock nicht S-förmig gekrümmt 10

10. Blatt groß, meist über 10 cm lang; robuste Pflanze mit mehrköpfigem Wurzelstock; Blätter wechselständig. Vbtt. fri. RZ 3 Weid. (I a, F) WZ 1

133 Stumpfblättriger Ampfer *Rumex obtusifolius* L.

10 a. Blatt meist nicht über 5 × 3 cm groß, Ausläufer bildend, Blätter gegenständig: Kleiner Baldrian *(Valeriana dioica)* 179

11. Blätter 3 bis 4mal länger als breit, spitz zulaufend 12

11 a. Blätter höchstens 2mal länger als breit, rundlich bis oval . 13

12. Der Blattstiel geht aus einer über dem Stengelknoten ansetzenden behaarten Scheide (»Tute«) hervor; Blätter wechselständig, kurz gestielt, Stengel stielrund. Zstr. wechself.-feu. RZ 2 Wies., verdichtete Böden (D, J, F) WZ 1

134 Wasserknöterich *Polygonum amphibium* L.

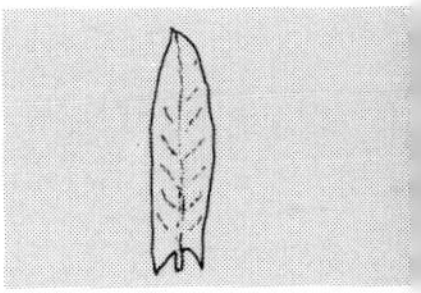

12 a. Ohne »Tuten« an den Stengelknoten; Blätter gegenständig oder zu 3 bis 4 quirlig, sitzend; Stengel vierkantig, aufrecht: Blutweiderich *(Lythrum salicaria)* 234

13. Stengel liegend, an den Knoten wurzelnd, mit gegenständigen, kurz gestielten, runden bis ovalen, ± rot-drüsig punktierten Blättern. Hfg. fri.-wechself. RZ 4 Wies. (J, C, H, G, K) WZ 1

135 Pfennigkraut *Lysimachia nummularia* L.

13 a. Stengel aufrecht, mit gegenständigen, sitzenden Blättern mit ± durchscheinenden und daneben meist auch schwarzen Punkten (Drüsen, Lupe!): Johanniskrautarten *(Hypericum spec.)* 243–246

14. (1 a) Blattumriß nieren- oder fast kreisförmig, etwas kürzer oder ebenso lang oder nur wenig länger als breit 15

14 a. Blattumriß ausgesprochen herzförmig oder länglich (1½ bis mehrfach länger als breit) 24

15. Ausgewachsene Blätter erst nach der Blüte erscheinend, 15–60 und mehr cm breit, unterseits z. T. wollig bis filzig 16

15 a. Blätter vor der Blüte erscheinend, selten breiter als 2–10 cm . 17

16. Einschnitte am Blattgrund nur bis an die Wurzel der Seitennerven reichend; Blatt unterseits weißwollig-filzig, sein Stiel seitlich zusammengedrückt, oben breit, aber scicht gefurcht. Selt. wechself. RZ 3 lückiges Grünld., Ra. (I, F, E) WZ 1

136 Huflattich *Tussilago farfara* L.

16 a. Einschnitt am Blattgrund erreicht die Seitennerven auf ziemlicher Breite; Blatt besonders groß, unterseits nur in der Jugend grauwollig, sein Stiel kantig oder stielrund, oben eng und tief gefurcht. Selt. (gesellig) fri. RZ 3 übschw. Wies., Ufer (K, J, C) WZ 1

137 Pestwurz *Petasites hybridus* (L.) G., M., Sch.

17. Blatt mit 7–11 halbrunden, gleichmäßig gezähnt-gesägten, etwa ⅕ bis ⅓ des Durchmessers erreichenden Lappen, Fläche meist etwas gefaltet. Vbtt. fri.-feu. RZ 2 Grünld., bes. mont. (H, I b, B, J) WZ 5

138 Frauenmantel *Alchemilla xanthochlora* Rothm.
[Die Frauenmantel-Arten ähneln sich stark, sie sind z. T. nur schwer unterscheidbar.]

17 a. Blätter nicht mit halbkreisförmigen Lappen der beschriebenen Art **18**

18. Blätter meist glänzend, völlig kahl oder, falls schwach behaart, nicht stark riechend **19**

18 a. Blätter ± behaart oder klebrig oder stark riechend **22**

19. Grund- und Stengelblätter auffallend verschieden; Grundblätter nierenförmig, ringsum gekerbt oder durch ± tiefe Einschnitte 3-, 5- (seltener 7-)teilig; Stengelblätter bis zum Grund in ganzrandige, lineale, fast quirlig stehende Abschnitte zerteilt: Goldhahnenfuß *(Ranunculus auricomus)* 111

19 a. Grund- und Stengelblätter nicht auffallend verschieden . **20**

20. Blätter mit wenigen (meist nicht mehr als 7–11) größeren Kerbzähnen, am Grund mit weiten Scheiden, oft auch mit Brutknöllchen. Pflanze früh absterbend, formenreich. Zstr. feu.-fri. RZ 3 lückiges, schattiges Grünld., Ra. (I, J) WZ–1

139 Scharbockskraut, Feigwurz *Ficaria verna* Huds.

20 a. Blatt mit vielen Kerbzähnen; Pflanze ohne Brutknöllchen, nicht früh absterbend **21**

21. Blattgrund mit Nebenblättern (im Sommer oft schon abgestorben), Blatt am Rand seicht gekerbt, nieren- oder stumpf herzförmig, gelblichgrün, zuweilen zerstreut behaart. Nur Grund-, keine Stengelblätter vorhanden. Blatt etwas am Stiel herablaufend, wenigstens die jüngeren Blätter am Grund tütenförmig eingerollt. Selt. feu. (wechself.) RZ 2 Wies., Ödld. (C, J) WZ 1

140 Sumpfveilchen *Viola palustris* L.

21 a. Blattgrund ohne Nebenblätter, aber scheidig, Blatt kräftig gekerbt bis gezähnt, nie herzförmig; auch Stengelblätter vorhanden, Stengel hohl, dick, saftig; Blattgrund nicht eingerollt. Zstr. feu. RZ2 Wies., Ufer, bes. mont. (J, K, C, D) WZ–1, als gefährdete Art in der Roten Liste enthalten!

141 Sumpfdotterblume *Caltha palustris* L.

22. Grundblätter nierenförmig, unregelmäßig gekerbt oder gelappt; namentlich der Stengel drüsig-klebrig, am Grund mit zahlreichen runden Brutknöllchen. Selt. tr.-wechself. RZ3 Wies. (H, G, K, Ib) WZ2, als gefährdete Art in der Roten Liste enthalten!

142 Knöllchensteinbrech *Saxifraga granulata* L.

22 a. Pflanzen nicht drüsig-klebrig, ohne Brutknöllchen **23**

23. Mit (oft sehr langen) an den Knoten wurzelnden Ausläufern; Blätter gegenständig, nierenförmig bis breit herzförmig, ringsum ziemlich gleichmäßig gekerbt. Meist ± weich behaart, streng würzig riechend. Hfg. fri.-feu. RZ4 Grünld., Ra. (H, G, J) WZ1

143 Gundelrebe *Glechoma hederacea* L.

23 a. Ohne Ausläufer; Blätter wechselständig, dreilappig oder ungelappt, ungleich grob gezähnt-gesägt mit kurz bespitzten Zähnen. Pflanze ± rauhhaarig-borstig, beim Reiben unangenehm riechend: Bärenklau *(Heracleum sphondylium)* 85 (Jugendblätter)

24. (14 a) Blätter ausgesprochen herzförmig, in der Regel nicht mehr als 1½–2mal so lang wie breit **25**

24 a. Blätter oval bis langoval, am Ende meist abgerundet, nicht spitz **36**

25. Pflanze mit Brennhaaren: Große Brennessel *(Urtica dioica)* 15

25 a. Pflanzen ohne Brennhaare **26**

26. Pflanzen stark riechend **27**

26 a. Pflanzen geruchlos oder doch nicht auffällig riechend . . **28**

27. Mit (oft sehr langen) an den Knoten wurzelnden oberirdischen Ausläufern; deren Blätter 2–8 cm lang gestielt, fast nierenförmig oder kreisrund, ringsum sehr regelmäßig gekerbt: Gundelrebe *(Glechoma hederacea)* 143

27 a. Ohne lange, oberirdische Ausläufer, Blätter höchstens bis 1½ cm lang gestielt, meist ± spitzoval, am Grund nur wenig eingeschnitten, am Rand mit wenigen Kerben oder Zähnen: Wilder Majoran, Dost *(Origanum vulgare)* 187 Wasserminze *(Mentha aquatica)* 188

28. Pflanzen mit (spärlichem) Milchsaft, ohne Nebenblätter; Blätter wechselständig, nur die Grundblätter herzförmig, obere Stengelblätter in den Grund verschmälert, lanzettlich, rautenförmig oder spitzoval **29**

28 a. Pflanzen ohne Milchsaft **32**

29. Herzförmige Grundblätter meist nicht größer als 1 cm, früh absterbend; die übrigen Blätter nach oben hin von breitoval über lanzettlich bis lineal verschmälert: Rundblättrige Glockenblume *(Campanula rotundifolia)* 217

29 a. Herzförmige Grundblätter meist 2–10 cm groß **30**

30. Blätter nie dunkel gefleckt, die oberen halbstengelumfassend; Wurzelstock nie rübenartig fleischig: Knäuelglokkenblume *(Campanula glomerata)* 161

30 a. Blätter oft braun oder schwarz gefleckt, nie halbstengelumfassend; Wurzelstock rübenartig-fleischig **31**

31. Blattgrund der Grundblätter nur undeutlich herzförmig, oft nur gestutzt; schon die unteren Stengelblätter oval bis langoval mit abgeschrägtem, zuletzt stielähnlich verschmälertem Grund; Blattrand meist einfach gesägt oder gekerbt. Zstr. (bes. S, W) fri.-feu. RZ 2 Wies., bes. mont. (H, B, C) WZ 5

144 Schwarze Teufelskralle, Rapunzel *Phyteuma nigrum* F. W. Schm.

31 a. Grundblätter mit tief herzförmigem Grund, untere und mittlere Stengelblätter abnehmend herzförmig, oberste mit abgerundetem Grund sitzend, Blattrand oft doppelt gesägt. Zstr. (NW fehld.) fri.-feu. RZ 2 Wies., bes. mont. (H, Ib, B) WZ 5

145 Ährige Teufelskralle, Rapunzel *Phyteuma spicatum* L.

32. Pflanze mit recht verschieden geformten, wechselständigen, fleischigen, glänzenden Blättern ohne Nebenblätter; sehr selten Grundblätter schwach herzförmig, meist oval, stengelständige lanzettlich bis lineal: Brennender Hahnenfuß *(Ranunculus flammula)* 176

32 a. Pflanzen entweder mit ± gefransten Nebenblättern oder mit gegenständigen Blättern; Blätter einander sehr ähnlich geformt **33**

33. Blätter ohne Nebenblätter, sitzend oder kurz gestielt, gegenständig; Grundblätter fehlen: Ehrenpreisarten *(Veronica spec.)* 198, 199

33 a. Blätter mit (im Sommer oft schon verdorrten) Nebenblättern, meist ± lang (bis 10 cm) gestielt, wechselständig; Grundblätter wenigstens anfangs vorhanden **34**

34. Pflanze einen aufsteigend-aufrechten, oft verzweigten,

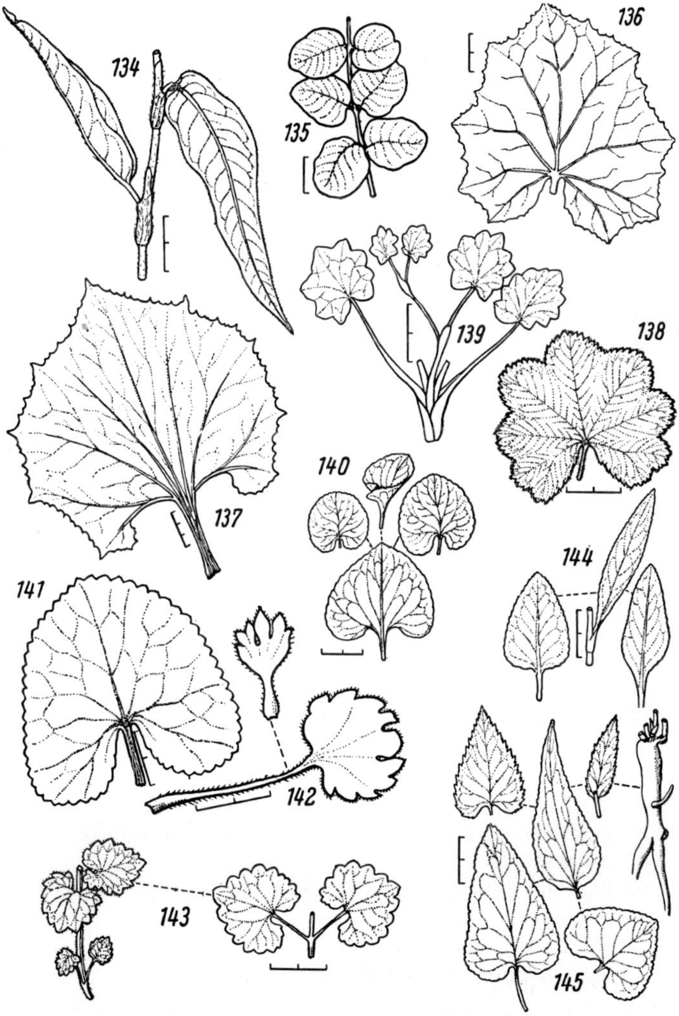

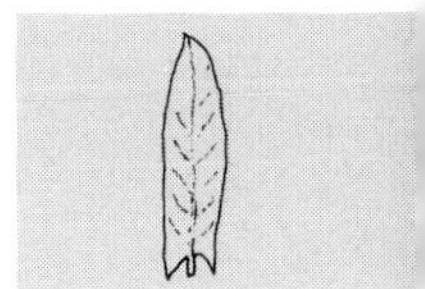

134 Wasserknöterich *(Polygonum amphibium)* **135** Pfennigkraut *(Lysimachia nummularia)* **136** Huflattich *(Tussilago farfara)* **137** Pestwurz *(Petasites hybridus)* **138** Frauenmantel *(Alchemilla xanthochlora)* **139** Scharbockskraut *(Ranunculus verna)* **140** Sumpfveilchen *(Viola palustris)* **141** Sumpfdotterblume *(Caltha palustris)* **142** Knöllchensteinbrech *Saxifraga granulata)* **143** Gundelrebe *(Glechoma hederacea)* **144** Schwarze Teufelskralle *(Phyteuma nigrum)* **145** Ährige Teufelskralle *(Ph. spicatum)*

beblätterten Stengel bildend, kahl oder doch nur schwach behaart (Grundblätter später oft fehlend). Zstr. tr. RZ 2 Ödld., Magerr. (B, H) WZ 1

146 Hundsveilchen *Viola canina* L.

34 a. Pflanzen ohne Stengel, also nur mit Grundblättern **35**

35. Blattstiel und Blatt allseits dicht behaart, nicht glänzend, meist spitz, etwa 1½ bis 2mal so lang wie breit; Nebenblätter der Sommerblätter oft schon verdorrt. Zstr. (NW fehld.) tr. RZ 4 Magerr. (A a) WZ 1

147 Rauhes Veilchen *Viola hirta* L.

35 a. Pflanze kahl, Blatt glänzend, gelbgrün, meist ebenso lang wie breit oder kürzer, nicht oder nur wenig spitz zulaufend, oft fast nierenförmig; Blattgrund jüngerer Blätter tütenförmig eingerollt: Sumpfveilchen *(Viola palustris)* 140

36. (24 a) Nur eine grundständige Blattrosette, Blattgrund in einen ± geflügelten Stiel verschmälert. Junge Blätter rückwärts umgerollt: Himmelsschlüssel *(Primula veris)* 167

36 a. Neben Grundblättern auch Stengelblätter vorhanden; Blattstiel nicht geflügelt, Blätter nicht rückwärts umgerollt . . **37**

37. Blätter meist über 15 cm lang, nicht drüsig behaart, oval bis lanzettlich, kahl (wenigstens ältere), wechselständig; Stengel vielkantig oder gefurcht, an den Knoten mit (vergänglichen) stengelumfassenden Blattscheiden **38**

37 a. Blätter entweder groß, dann aber unterseits ± drüsig-klebrig behaart, oder kürzer als 10 cm; Stengel rund oder deutlich 4-kantig, Knoten ohne stengelumfassende Scheiden. Stengelblätter gegenständig **39**

38. Blatt meist glatt, fast ganzrandig oder nur am Rand wellig geschweift: Stumpfblättriger Ampfer *(Rumex obtusifolius)* 133

38 a. Blatt mit stark gekräuseltem, meist auch unregelmäßig kleingekerbtem Rand. Hfg. fri.-feu. RZ 4 Weid., Trittr. (I, F, E) WZ 1

148 Krauser Ampfer *Rumex crispus* L.

39. Blatt drüsig-klebrig, Unterseite mit derbem, stark hervortretendem, behaartem Nervennetz, runzelig, am Rand sehr ungleichmäßig gekerbt. Blattstiel ± zottig behaart. Zstr. (NW selt.) tr. RZ 5 Wies., Magerr. (A a, G) WZ 2

149 Wiesensalbei *Salvia pratensis* L.

39 a. Nicht drüsig-klebrig, auch sonst andere Merkmale **40**

40. Blatt elliptisch-oval, sehr regelmäßig und ziemlich tief gekerbt (mit 2–5 mm breiten, halbrunden oder stumpf dreieckigen Lappen); Grundblätter bis 12 und mehr cm lang gestielt. Selt. (NW sehr selt.) wechself. RZ 2 Ödld., Magerr., bes. mont. (K, H, B) WZ 2, als gefährdete Art in der Roten Liste enthalten!
150 Betonie, Heilziest *Stachys officinalis* (L.) Trev.
40 a. Blatt seicht und oft unregelmäßig gekerbt, auch untere Blätter nur kurz gestielt **41**
41. Mit bis 30 cm langen oberirdischen Ausläufern und bleibenden Grundblättern; Blätter spatelförmig, unterseits meist kurz rauhhaarig: Kriechender Günsel *(Ajuga reptans)* 192
41 a. Ohne oberirdische Ausläufer (wohl mit unterirdischen!), ohne bleibende Grundblätter. Blätter langoval bis lanzettlich, allmählich in die Spitze verschmälert. Nerven unterseits kurzhaarig, Stengel scharf 4-kantig. Selt. wechself.-feu. RZ 2 Wies., Ufer (C, D) WZ 2
151 Großes Helmkraut *Scutellaria galericulata* L.

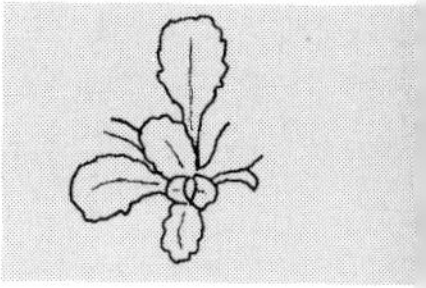

4.14 In Stiel verschmälertes Blatt oder sitzend

4.14.1 Gekerbter, gesägter, gezähnter Blattrand (S. 21, 24)

(In Zweifelsfällen und beim Vorkommen ganzrandiger und gekerbter Blätter an ein und derselben Pflanze siehe auch unter 4.14.3, S. 113.)

1. Blatt schildförmig (Blattstiel in der Mitte der Spreite eingesetzt), Blatt fast kreisrund, flach gekerbt bis flach gelappt. Selt. (N, SW) feu. RZ 2 Grünld. (C, K) WZ 2
152 Wassernabel *Hydrocotyle vulgaris* L.
1 a. Blatt nicht schildförmig, am unteren Ende gestielt, ± in den Blattstiel verschmälert oder sitzend **2**
2. Verhältnismäßig große, ± spitzovale, ungeteilte Blätter mit dicht weichstacheligem (bzw. sehr dicht fein und scharf gesägtem) Rand finden sich an derselben Pflanze neben Blättern mit ± tief fiederteiliger Spreite **3**
2 a. Blätter andersartig; wenn fein und scharf gesägt, dann lanzettlich bis lineal, alle einheitlich geformt **4**

3. Blätter ringsum ungleichmäßig weichstachelig, Unterblätter mit verschmälertem Blattgrund, obere Stengelblätter ± stengelumfassend, alle hellgrün: Kohldistel *(Cirsium oleraceum)* 118

3 a. Blätter ringsum eng, fein und scharf gesägt, Grundblätter einfach, ± lang gestielt, obere Blätter ± zerteilt, sitzend, alle dunkelgrün. Selt. (S, O) wechself.-feu. RZ 4 Wies. (J, C) WZ 2, als gefährdete Art in der Roten Liste enthalten!
153 Färberscharte *Serratula tinctoria* L.

4. Blätter mit Brennhaaren: Große Brennessel *(Urtica dioica)* 15

4 a. Blätter ohne Brennhaare **5**

5. Pflanzen mit (z. T. spärlichem) Milchsaft **6**

5 a. Pflanzen ohne Milchsaft **18**

6. Pflanzen nur mit einer ± bodenanliegenden Blattrosette*) **7**

6 a. Pflanzen mit Grundrosette und Stengelblättern oder nur mit solchen*) **8**

7. Blatt durch einfache Haare (Lupe!) ± borstig, mit kleinen Pocken besetzt, Randzipfel und Einschnitte rundlich; Blattrosette dem Boden sehr fest angedrückt. Hfg. tr.-fri. RZ 2 Ödld., Magerr. (I b, B, H, A b) WZ 1
154 Ferkelkraut *Hypochoeris radicata* L.

7 a. Blätter mit weichen Gabel- und Sternhaaren (zuweilen nur wenige; Lupe!). Hfg. tr.-fri. RZ 3 Grünld. (H, I b, K) WZ 5
155 Rauher Löwenzahn *Leontodon hispidus* L.

8. Blattrand mit ausgesprochen spitzen Zähnen (kurz oder bis zur halben Blattbreite reichend, Spitze zuweilen knöpfchenartig) **9**

8 a. Blattrand meist nur seicht gekerbt oder wellig **14**

9. Grundblätter grob bis schrotsägeförmig gezähnt, Zähne meist nach hinten gerichtet, Endlappen in eine lange Spitze ausgezogen. Stengel steif, sperrig, sehr zäh; Blüte blau: Wegwarte *(Cichorium intybus)* 121

9 a. Grundblätter nur buchtig gezähnt oder schwach gezähnt, Zähne wenigstens z. T. seitwärts oder vorwärts gerichtet; Blüten gelb **10**

10. Mindestens die Nerven, oft auch die Fläche der Blattunterseite sowie der Stengelgrund mit steifen, z. T. widerhakigen

*) Siehe Anmerkung S. 66.

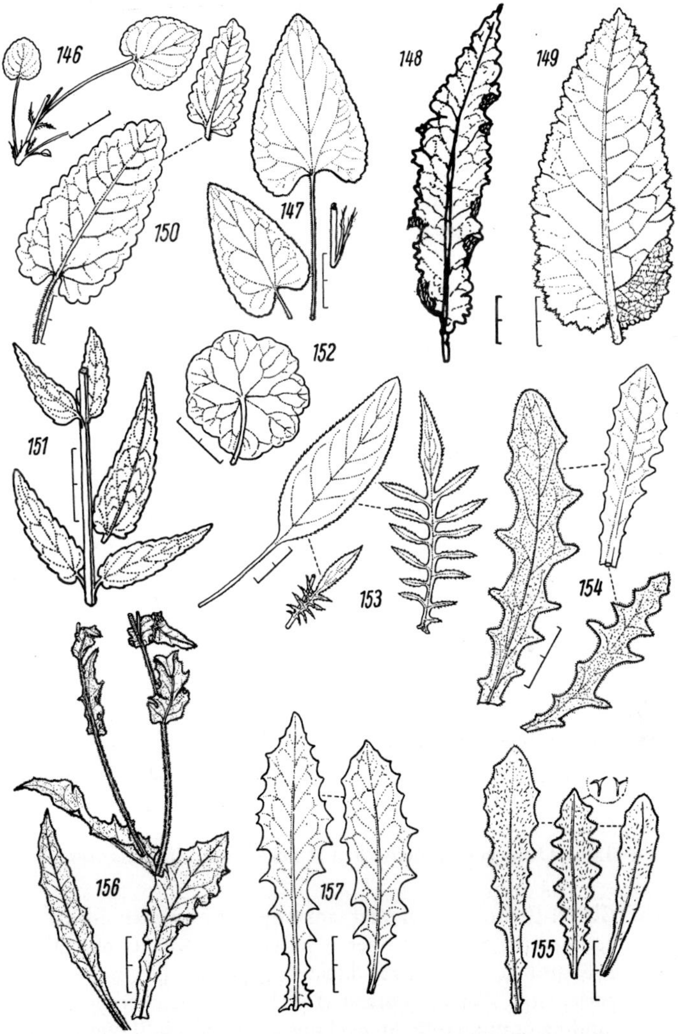

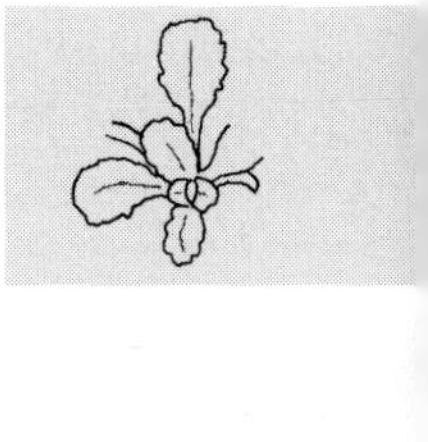

146 Hundsveilchen *(Viola canina)* **147** Rauhes Veilchen *(V. hirta)* **148** Krauser Ampfer *(Rumex crispus)* **149** Wiesensalbei *(Salvia pratensis)* **150** Betonie *(Stachys officinalis)* **151** Großes Helmkraut *(Scutellaria galericulata)* **152** Wassernabel *(Hydrocotyle vulgaris)* **153** Färberscharte *(Serratula tinctoria)* **154** Ferkelkraut *(Hypochoeris radicata)* **155** Rauher Löwenzahn *(Leontodon hispidus)* **156** Bitterkraut *(Picris hieracioides)* **157** Sumpfpippau *(Crepis paludosa)*

Borsten besetzt, Stengel kantig gefurcht, die oberen Blätter mit abgerundetem oder herzförmigem Grund sitzend. Selt. tr. RZ 4 Magerr. (G, A a) WZ 1

156 Bitterkraut *Picris hieracioides* L.

10 a. Pflanzen kahl oder nur wenig behaart, aber nie widerhakig, Blätter geschmeidig, am Stengel mit Öhrchen oder mit verschmälertem Grund sitzend **11**

11. Stengelblätter mit Öhrchen ± stengelumfassend **12**

11 a. Stengelblätter mit verschmälertem Grund sitzend **13**

12. Blätter dünn, zart, buchtig gezähnt mit mindestens z. T. rückwärts gerichteten Zähnen, oft braun gefleckt oder gelbbraun, Stengel hohl, zur Blütezeit ohne grundständige Blattrosette, daneben oft nichtblühende Rosetten; Blatt durch oberseits eingesenkte Nerven runzelig. Zstr. feu. RZ 3 Wies. (C, J) WZ 4

157 Sumpfpippau *Crepis paludosa* (L.) Moench

12 a. Blätter nicht besonders dünn oder zart, nur schwach gezähnt bis fast ganzrandig, einfarbig grün; Stengel markig, zur Blütezeit mit grundständiger Blattrosette. Zstr. (NW fehld.) fri.-feu. RZ 2 Wies., bes. mont. (H, K, J) WZ 4

158 Weicher Pippau *Crepis mollis* (Jacq.) Aschers.

13. Blätter lang und schmal, lanzettlich bis lineal, ziemlich gleichgestaltet, fast alle sitzend, mit meist nur kurzen Randzähnen oder fast ganzrandig, unterseits mit stark hervortretendem Nervennetz, Blattrand meist stark umgerollt; Stengel dicht beblättert (bis ± 50 Blätter). Selt. tr.-wechself. RZ 1 Ödld., Magerr. (B, H) WZ 2

159 Doldiges Habichtskraut *Hieracium umbellatum* L.

13 a. Blätter breitoval, oval oder lanzettlich, die unteren mit etwas geflügeltem Stiel, die oberen sitzend, beiderseits mit meist 3–5 großen und einigen kleineren, gewöhnlich nach vorn gerichteten Zähnen, unterseits nicht stark netznervig, Blattrand nicht umgerollt, Stengel mit nur wenigen Blättern. Selt. tr.-wechself. RZ 1 Ödld., Magerr. (B, H) WZ 1

160 Glattes Habichtskraut *Hieracium laevigatum* Willd. (u. verwandte Arten!)

14. (8 a) Wenigstens einige Blätter mit annähernd herzförmigem, abgerundetem oder doch gestutztem, plötzlich in den Stiel verschmälertem Grund **15**

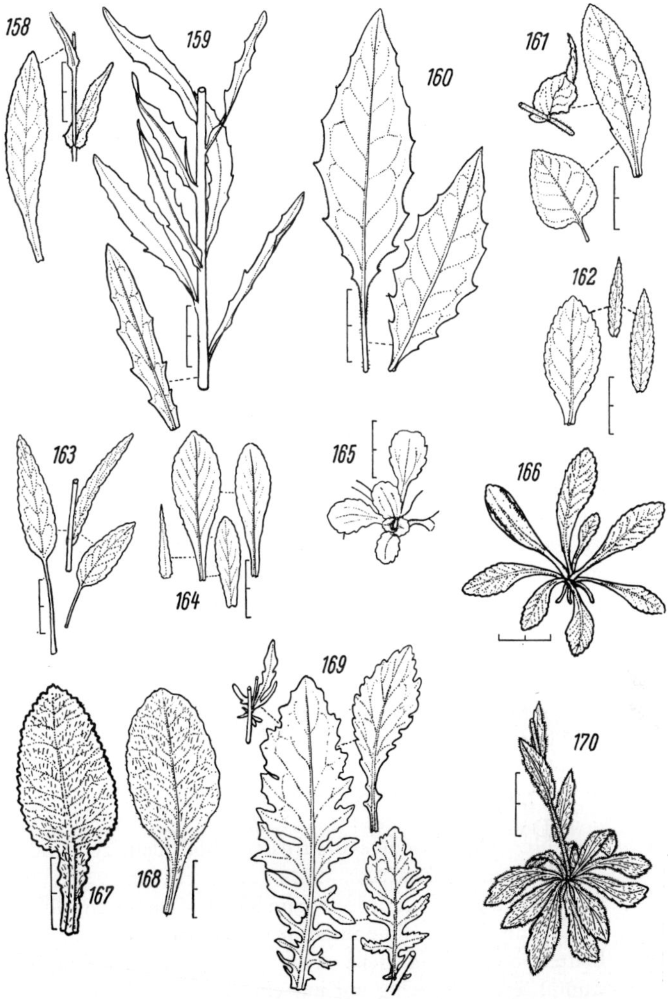

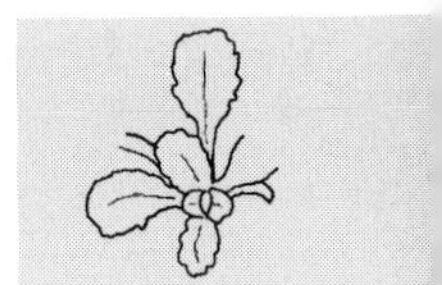

158 Weicher Pippau *(Crepis mollis)* **159** Doldiges Habichtskraut *(Hieracium umbellatum)* **160** Glattes H. *(H. laevigatum)* **161** Knäuelglockenblume *(Campanula glomerata)* **162** Wiesenglockenblume *(C. patula)* **163** Kugelrapunzel *(Phyteuma orbiculare)* **164** Rapunzel-Glockenblume *(Campanula rapunculus)* **165** Gänseblümchen *(Bellis perennis)* **166** Mehlprimel *(Primula farinosa)* **167** Himmelsschlüssel *(P. veris)* **168** Große Schlüsselblume *(P. elatior)* **169** Wassergreiskraut *(Senecio aquaticus)* **170** Rauhe Gänsekresse *(Arabis hirsuta)*

14 a. Alle Blätter in den Stiel verschmälert **16**

15. Pflanze kurz grauhaarig, obere Stengelblätter herzförmig stengelumfassend; Wurzelstock walzlich, schräg im Boden stehend. Zstr. (NW selt.) tr.-fri. RZ 4 Wies. (G, A a) WZ 3, als gefährdete Art in der Roten Liste enthalten!
161 Knäuelglockenblume *Campanula glomerata* L.

15 a. Pflanze völlig kahl, Grund- und untere Stengelblätter herzförmig oder rundlich, Wurzelstock rübenartig-fleischig, meist senkrecht im Boden stehend: Schwarze Teufelskralle, Rapunzel *(Phyteuma nigrum)* 144

16. Wurzelstock einfach spindelförmig, nicht fleischig. Grundblätter elliptisch oder oval, in den kurzen Stiel verschmälert, deutlich gekerbt (nur obere Blätter zuweilen fast ganzrandig). Zstr. (linksrhein. selt.) tr.-fri. RZ 3 Wies. (G, H) WZ 3
162 Wiesenglockenblume *Campanula patula* L.

16 a. Wurzelstock rübenartig fleischig **17**

17. Grundblätter ± lang gestielt, oval-lanzettlich, gekerbt-gesägt (sehr selten mit gestutztem bis schwach herzförmigem Grund). Zstr./selt. (N fehld.) tr.-wechself. RZ 4 Magerr. (A a, K, H, G) WZ 5, als gefährdete Art in der Roten Liste enthalten!
163 Kugelrapunzel *Phyteuma orbiculare* L.

17 a. Grundblätter langoval-lanzettlich bis lineal, keilförmig in den Stiel verschmälert, Rand schwach gekerbt oder nur wellig. Zstr. (W, SW) tr.-fri. RZ 4 Grünld. (I b, A a, H, G) WZ 3
164 Rapunzel-Glockenblume *Campanula rapunculus* L.

18. (5 a) Nur grundständige Blattrosette, bodenanliegend oder vom Gras angehoben **19**

18 a. Außer etwaigen Grundrosetten im Sommer auch Stengelblätter oder nur solche, ohne ausgesprochene Grundrosette . **22**

19. Blätter meist beiderseits kahl und grün, spatelförmig, stumpf, etwas fleischig mit nur einem deutlichen Nerv, am Rand entfernt gekerbt. Vbtt. fri. RZ 4 Grünld., Ra. (I, E) WZ 2
165 Gänseblümchen, Maßliebchen *Bellis perennis* L.

19 a. Blätter ± behaart oder aber unterseits weißmehlig bestäubt, deutlich fiedernervig **20**

20. Blätter unterseits mehlig bestäubt, oberseits dunkelgrün, länglich oval bis spatelförmig, fast ganzrandig. Selt. wechself.-feu. RZ4 Magerr. (C, K) WZ2, als gefährdete Art in der Roten Liste enthalten!

166 Mehlprimel *Primula farinosa* L.

20 a. Blätter unterseits nicht mehlig bestäubt, länglich oval oder zungenförmig, stark runzelig (ältere Blätter im Sommer auch glatt), behaart **21**

21. Blattgrund oft gestutzt bis fast herzförmig, plötzlich in den etwas geflügelten Stiel verschmälert, Blatt kurz samtartig behaart, am Rand dicht und unregelmäßig stumpf gezähnt. Zstr. tr. RZ4 Grünld. (A a, G, H) WZ2, als gefährdete Art in der Roten Liste enthalten!

167 Himmelsschlüssel *Primula veris* L.

21 a. Blattgrund allmählich in den geflügelten Blattstiel verschmälert, Blattrand wellig geschweift und ± entfernt gezähnt. Zstr. fri.-feu. RZ3 Wies., bes. mont. (H, J) WZ2

168 Große Schlüsselblume *Primula elatior* (L.) Grufb.

22. (18 a) Stengelblätter wechselständig; z. T. auch Grundrosetten vorhanden **23**

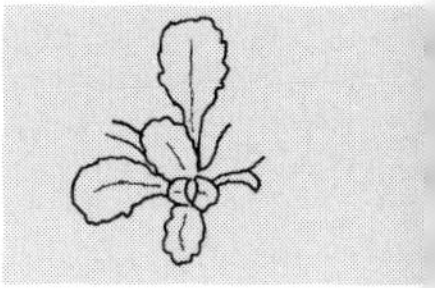

22 a. Stengelblätter (wenigstens die unteren) gegenständig; vereinzelt Grundrosetten **35**

23. Pflanzen mit bodenanliegender Blattrosette und (spätestens nach dem 1. Wiesenschnitt) Stengelblättern **24**

23 a. Pflanzen ohne ausgesprochene, bodenanliegende Blattrosette (oft jedoch mit ± langgestielten Grundblättern) **26**

24. Blätter kahl, gelbgrün, saftig, grob gezähnt bis leierförmig-fiederteilig (Endlappen halb so lang wie das ganze Blatt). Zstr./selt. feu.-wechself. RZ3 Wies. (J, K, D, H) WZ–1, als gefährdete Art in der Roten Liste enthalten!

169 Wassergreiskraut *Senecio aquaticus* Huds.

24 a. Blätter mit verzweigten (Stern-)Haaren besetzt (Lupe!) **25**

25. Rosetten- und Stengelblätter einander stets ähnlich, langoval bis lanzettlich, schwach gezähnt bis fast ganzrandig. Selt. (NW sehr selt.) tr. RZ4 Wies. (A a, G, K) WZ2

170 Rauhe Gänsekresse *Arabis hirsuta* (L.) Scop.

25 a. Rosetten- und Stengelblätter vielförmig und oft verschieden, die ersteren schrotsägeförmig, fiederspaltig, ± gelappt oder nur gezähnt bis fast ganzrandig. Hfg. fri. RZ4 lückige Weid., Ra. (I a, E) WZ1

171 Hirtentäschel *Capsella bursa-pastoris* (L.) Med.

26. Blätter länglich, groß (meist über 10–15 cm lang), Rand sehr stark gekräuselt, unregelmäßig gekerbt; namentlich die Grundblätter mit großen, stengelumfassenden Scheiden, Stengel kantig, meist ± rot: K r a u s e r A m p f e r *(Rumex crispus)* 148

26 a. Pflanzen mit anderer Merkmalskombination **27**

27. Niedrige, meist liegende Pflanze mit zweispaltigen oder zerschlitzten häutigen Scheiden an den Stengelknoten; Blätter meist schmal lanzettlich, kaum länger als 2–3 cm. Zstr. wechself. RZ 3 Trittr. (E, I) WZ 1

172 Vogelknöterich *Polygonum aviculare* L.

27 a. Pflanzen ± aufrecht, ohne solche Scheiden an den Stengelknoten **28**

28. Blätter fein und scharf d o p p e l t gesägt (Lupe!), lanzettlich-lineal bis lineal. Zstr. wechself.-feu. RZ 2 Wies. (J, K, C), WZ 3, als gefährdete Art in der Roten Liste enthalten!

173 Sumpfgarbe, B a r t r a m s g a r b e *Achillea ptarmica* L.

28 a. Blätter nicht fein doppelt gesäget **29**

29. Alle Blätter mit rundlichem oder schwach herzförmigem Grund sitzend, ± lanzettlich, spitz, weidenblattförmig, fein gezähnt; meist waagerecht abstehend, oft wellig oder gefaltet. Selt. (W fehld.) wechself.-feu. RZ 4 Wies. (K, A a, C) WZ 3

174 Weidenalant *Inula salicina* L.

29 a. Blätter wenigstens z. T. oder ausnahmslos stielartig verschmälert oder gestielt **30**

30. Obere Stengelblätter sitzend, Blattgrund den Stengel z. T. mit Öhrchen umfassend; Blätter kahl oder unauffällig behaart, leierförmig-fiederteilig bis grob gekerbt oder gelappt; zeitweilig Grundrosetten **31**

30 a. Die Mehrzahl der Blätter stielartig verschmälert oder gestielt, Blattgrund ohne stengelumfassende Öhrchen; Blätter entweder kahl und nur schwach gekerbt oder ± behaart bzw. rauh und dann gezähnt bis fiederteilig; keine ausgesprochenen Grundrosetten **32**

31. Blätter gelblichgrün, saftig, grob gezähnt bis leierförmig-fiederteilig: W a s s e r g r e i s k r a u t *(Senecio aquaticus)* 169

31 a. Blatt ± spatelförmig, etwas fleischig; Grundblätter lang gestielt mit keilförmigem Grund, grob kerbzähnig bis fiederlappig (nie leierförmig). Vbtt. tr.-wechself. RZ 3 Wies. (H, G, A, I b) WZ 2

175 Wucherblume, Margerite *Chrysanthemum leucanthemum* L.

171 Hirtentäschel *(Capsella bursa-pastoris)* **172** Vogelknöterich *(Polygonum aviculare)* **173** Sumpfgarbe *(Achillea ptarmica)* **174** Weidenalant *(Inula salicina)* **175** Wucherblume *(Chrysanthemum leucanthemum)* **176** Brennender Hahnenfuß *(Ranunculus flammula)* **177** Gewöhnliche Flockenblume *(Centaurea jacea)* **178** Schwarze Fl. *(C. nigra)* **179** Kleiner Baldrian *(Valeriana dioica)* **180** Witwenblume *(Knautia arvensis)*

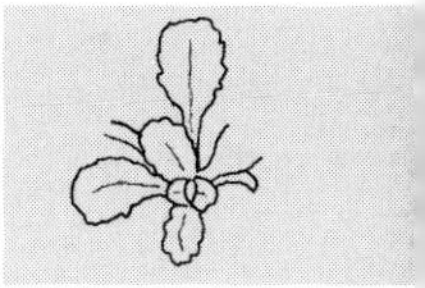

32. Pflanze kahl, Blätter etwas fleischig, glatt und glänzend. Untere Blätter meist oval, elliptisch oder schwach herzförmig, aber auch langoval bis lanzettlich, etwa 3–6 cm lang, ganzrandig, Stengelblätter ganzrandig oder entfernt gekerbt; Stengel aus liegendem, an den Knoten bewurzeltem Grund aufsteigend-aufrecht. Zstr. feu. RZ 2 Grünld. (J, C, F) WZ–1
176 Brennender Hahnenfuß *Ranunculus flammula* L.

32 a. Pflanzen ± behaart oder doch rauh, Blätter matt, nicht fleischig, sehr verschieden geformt: lanzettlich-langoval, mit einzelnen Zähnen und Lappen bis fiederteilig oder nahezu ganzrandig mit nur feinen Zähnen (an den Nervenenden); Stengel ± straff aufrecht, kantig und rauh **33**
33. Neben einfachen, nur gezähnten Blättern herrschen einfach bis doppelt fiederteilige vor; alle Blätter beiderseits rauh borstig: Grindflockenblume *(Centaurea scabiosa)* 124
33 a. Blätter fast stets einfach, seltener mit einzelnen Fiederlappen oder fiederteilig, häufiger spinnwebig-wollig-filzig als borstig (Arten ohne Blüten oder wenigstens Knospen nicht sicher zu unterscheiden) **34**
34. Blätter ungeteilt bis fiederspaltig. Hfg. tr.-fri. RZ 3 Grünld. (G, H, J, K, I b, A) WZ 3
177 Gewöhnliche Flockenblume *Centaurea jacea* L.

34 a. Blätter sehr selten mit tieferen Einschnitten, meist nur mit ± entfernten feinen Randzähnen. Zstr. (bes. SW) fri. RZ 2 Ödld., Magerwies., bes. mont. (B, H) WZ 3
178 Schwarze Flockenblume *Centaurea nigra* L.

35. (22 a) Blätter mit Brennhaaren: Brennessel *(Urtica dioica)* 15
35 a. Pflanzen ohne Brennhaare **36**
36. Grund- und Stengelblätter von wesentlich verschiedener Form **37**
36 a. Grund- und Stengelblätter ± gleichförmig **38**
37. Pflanze völlig kahl; Unterblätter spitzoval, ganzrandig, die nach oben folgenden Blätter leierförmig-fiederteilig, zuletzt fiederteilig. Zstr. (wechself.-)feu. RZ 2 Wies. (J, K, C) WZ 1, als gefährdete Art in der Roten Liste enthalten!
179 Kleiner Baldrian *Valeriana dioica* L.

37 a. Pflanze meist ± behaart, besonders am Blattrand; neben ungeteilten, ganzrandigen bis entfernt gezähnten Blättern besonders am Stengel fiederspaltige bis fiederteilige Blätter;

Stengel unten ± borstig, oft rotfleckig. Hfg. tr.-wechself. RZ 3 Wies. (G, H, A) WZ 2

180 Witwenblume *Knautia arvensis* (L.) Coult.

(Vergleiche auch T a u b e n s k a b i o s e *(Scabiosa columbaria)* 127)

38. Untere Blätter groß, ohne Stiel meist 6–15 cm lang, spitzoval bis zungenförmig, stark runzelig, am Rand unregelmäßig doppelt gekerbt, unterseits mit starkem, engmaschigem Nervennetz; Stengel oberwärts drüsig-klebrig. Bei Wärme aromatisch riechend: W i e s e n s a l b e i *(Salvia pratensis)* 149

38 a. Blätter erheblich kleiner oder mit anderen Merkmalen . . **39**

39. Blatt im Umriß lanzettlich, dolchförmig oder lineal, also relativ schmal, stets etwa 3- und mehrfach so lang wie breit **40**

39 a. Blatt im Umriß rundlich, elliptisch, spitzoval, selten breitlanzettlich, meist nur 1½ bis 2½mal so lang wie breit . . . **44**

40. Blätter in einen stielähnlichen Grund verschmälert, ihr Rand leicht umgerollt, mit u n r e g e l m ä ß i g entfernten Zähnen oder nur buchtig bis fast ganzrandig. Selt. feu. RZ 3 Wies., Gräben (C, J) WZ 2

181 Sumpf-Weidenröschen *Epilobium palustre* L.

40 a. Blätter in r e g e l m ä ß i g e m Abstand (wenn auch in verschiedener Weise) gezähnt, nie ganzrandig **41**

41. Blätter meist 4–10 cm lang, 1–3 cm breit mit scharfer Spitze, grob tief gesägt, z. T. tief fiederteilig; Stengel mit 4 starken Leisten; mit langen unterirdischen Ausläufern. Selt. feu. RZ 3 Überschw. (C, D, K, J) WZ 0

182 Wolfstrapp *Lycopus europaeus* L.

41 a. Blätter meist erheblich kleiner oder doch schmaler, gleichmäßig und nicht besonders tief gesägt oder gezähnt, nie fiederteilig. Ohne Ausläufer **42**

42. Blätter eng und dicht gezähnt, beiderseits meist 12–20 Zähne; Stengel kantig, zweizeilig behaart, Halbschmarotzer.

183/184 Klappertopf *Rhinanthus*-Arten, ohne Blüte nicht sicher zu unterscheiden:

A) Stengel schwarz gestrichelt, Hochblätter des Blütenstandes bleich, Oberlippe der Blüte mit blauen Zähnen. Zstr./selt. wechself.-feu. RZ 3 Wies. (J, K, H, C) WZ–1, als gefährdete Art in der Roten Liste enthalten!

A) **183 Großer Klappertopf** *Rhinanthus serotinus* (Schönh.) Oborny

B) Stengel (meist!) nicht schwarz gestrichelt; Hochblätter

normalgrün, Oberlippenzähne hellgelb. Zstr./selt. fri.-(wechself.-)feu. RZ 3 Wies. (H, G, K, B, J, C) WZ–1, als gefährdete Art in der Roten Liste enthalten!
184 **Kleiner Klappertopf** *Rhinanthus minor* L.

42 a. Blätter mit weniger engstehenden, meist beiderseits nur 4–8 Zähnen **43**

43. Zähne in charakteristischer Weise etwas im Blattrand versenkt, seitwärts oder schwach rückwärts gerichtet. Blätter kahl, glänzend, 5–12mal so lang wie breit, Stengel schlaff. Selt. feu. RZ 1 Wies. (C) WZ 1
185 Schildehrenpreis *Veronica scutellata* L.

43 a. Zähne nicht versenkt, eher vorwärts gerichtet, Blätter anliegend behaart, nur 2–4mal so lang wie breit, Stengel nicht besonders schlaff. Selt. fri.-wechself. RZ 4 Weid. (I, G) WZ–1
186 Roter Augentrost *Odontites vulgaris* Moench

44. (39 a) Pflanzen stets oder mindestens beim Reiben stark aromatisch riechend **45**

44 a. Pflanzen geruchlos oder fast geruchlos, nicht aromatisch **49**

45. Blätter meist breiter als 1½–2 cm **46**

45 a. Blätter meist schmaler als 1 cm (selten bis 1½ cm breit) . **48**

46. Blätter undeutlich gekerbt, Stengel hart, straff aufrecht, gewöhnlich rot oder purpurn gefärbt. Herb aromatisch riechend (thymianähnlich). Zstr. (NW fehld.) tr. RZ 4 Magerr. (A a) WZ 1
187 Dost, Wilder Majoran *Origanum vulgare* L.

46 a. Blätter deutlich gekerbt, Stengel eher weich, liegend-aufrecht, nur zuweilen rotviolett überlaufen. Durchdringender Pfefferminzgeruch **47**

47. Blattgrund gestutzt bis schwach herzförmig; Stengel mit Luftgängen (Lupe!). Zstr. feu. RZ 3 Wies., Gräben (D, C, K, J) WZ 0
188 Wasserminze *Mentha aquatica* L.

47 a. Blattgrund keilig in den Stiel verschmälert, Stengel ohne Luftgänge. Zstr. wechself.-feu. RZ 3 Grünld., verdichtete Böden (C, D, K, J) WZ 0
189 Ackerminze *Mentha arvensis* L.

48. Blätter lederig, oval bis elliptisch, keilförmig in den Stiel

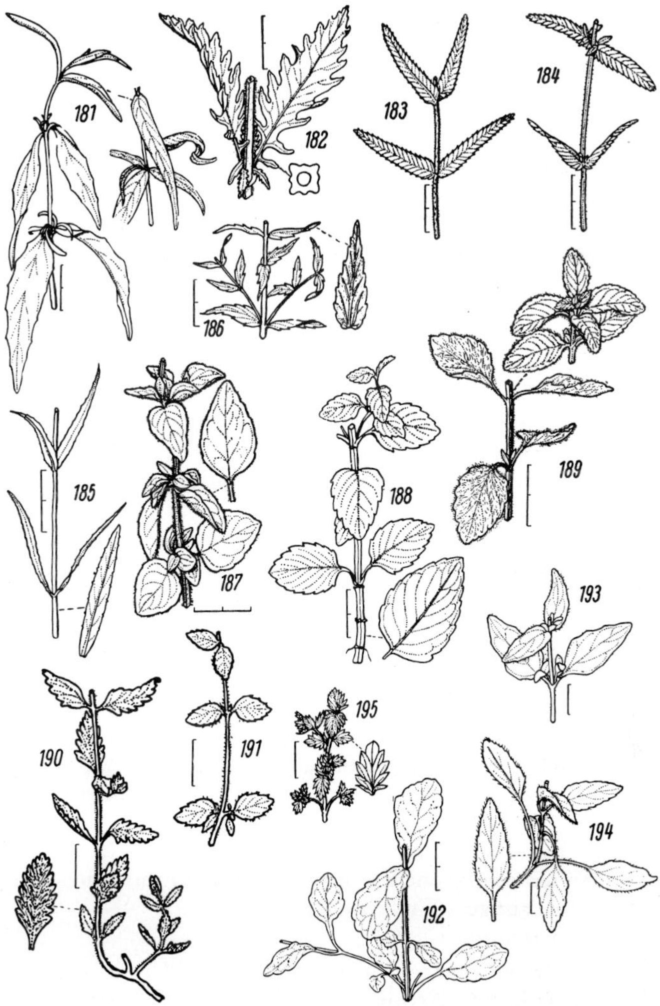

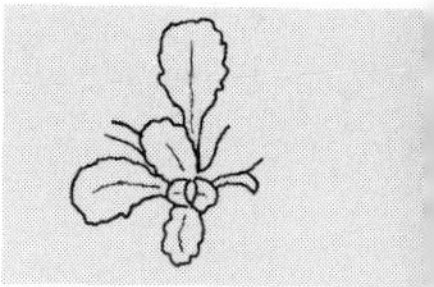

181 Sumpf-Weidenröschen *(Epilobium palustre)* **182** Wolfstrapp *(Lycopus europaeus)* **183** Großer Klappertopf *(Rhinanthus serotinus)* **184** Kleiner Kl. *(Rh. minor)* **185** Schildehrenpreis *(Veronica scutellata)* **186** Roter Augentrost *(Odontites vulgaris)* **187** Dost *(Origanum vulgare)* **188** Wasserminze *(Mentha aquatica)* **189** Ackerminze *(M. arvensis)* **190** Edelgamander *(Teucrium chamaedrys)* **191** Steinquendel *(Calamintha acinos)* **192** Kriechender Günsel *(Ajuga reptans)* **193** Kleine Brunelle *(Prunella vulgaris)* **194** Große Br. *(Pr. grandiflora)* **195** Augentrost *(Euphrasia spec.)*

verschmälert, mit beiderseits je 4–8 stumpfen Zähnen; Halbstrauch mit am Grunde holzigen Trieben. Selt. (bes. S) tr. RZ 5 Magerr. (A a) WZ 1
190 Edelgamander *Teucrium chamaedrys* L.

48 a. Blätter nicht lederig, oval bis lanzettlich, rasch in den Stiel verschmälert, beiderseits mit je 1–3 (selten 4) spitzen Zähnen; Triebe nicht holzig. Selt. (NW sehr selt.) tr. RZ 4 Magerr. (A) WZ 1
191 Steinquendel *Calamintha acinos* (L.) Clairv.

49. (44 a) Pflanze mit bis 30 cm langen oberirdischen Ausläufern (nicht liegenden Stengeln!), Grundblätter meist rosettenähnlich gehäuft. Blatt spatelförmig, am Rand unregelmäßig in breiten Bogen gekerbt, oft etwas runzelig, glänzend. Vbtt. tr.-feu. RZ 3 Grünld., Ra. (I, E, J, K, B) WZ 2
192 Kriechender Günsel *Ajuga reptans* L.

49 a. Ohne oberirdische Ausläufer, jedoch z. T. mit liegendem, bewurzeltem Stengel oder mit unterirdischen Ausläufern **50**

50. Blätter mit 1–5 cm langem Stiel, sehr seicht und unregelmäßig gekerbt bis fast ganzrandig, nur spärlich behaart, oval bis lanzettlich, vorn meist abgerundet; Stengel mit deutlichen Leisten und Rillen (ohne Blüte schwer unterscheidbare Arten).
A) Vbtt. tr.-feu. RZ 3 Grünld., Ra. (I, E, H, G, A, B) WZ 2
193 Kleine Brunelle *Prunella vulgaris* L. (mit bewurzelten Ausläufern)
B) Zstr. (NW fehld.) tr.-wechself. RZ 5 Magerr. (A a) WZ 2
194 Große Brunelle *Prunella grandiflora* (L.) Scholl. (mit kräftigem Wurzelstock)

50 a. Blätter sehr kurz gestielt oder sitzend **51**

51. Blätter in den keilförmigen Grund verschmälert, mit beiderseits je 2–5 spitzen oder begrannten Zähnen und oberseits charakteristischem Nervenverlauf (Abb. 195). Stengel ringsum flaumhaarig, vier Arten als gefährdet in der Roten Liste enthalten!
195 Augentrostarten *Euphrasia spec.*
(Sichere Bestimmung nur bei Vorhandensein von Blüten an Hand einer entsprechenden Flora möglich.)

51 a. Blätter mit mehr als 2–5 Zähnen oder Kerbzähnen oder nur ganz fein gezähnt bis fast ganzrandig; Blattgrund abgerundet, gestutzt oder fast herzförmig **52**

52. Stengel bis auf den Blütenstand und etwaige Äste liegend und stark wurzelnd, ringsum rauhhaarig; Blätter oval bis elliptisch, gekerbt, beiderseits und am Rand ± behaart. Zstr. tr.-fri. RZ 1 Ödld., Magerr. (B, I b, H) WZ 1
196 Waldehrenpreis *Veronica officinalis* L.

52 a. Stengel aufsteigend-aufrecht, kurz flaumhaarig (auch fast kahl) oder zweireihig behaart **53**

53. Blätter fein gezähnt bis fast ganzrandig, oval bis schmal elliptisch, selten länger und breiter als 1 cm, kahl oder fast kahl; Stengel kurz flaumhaarig oder kahl. Zstr. fri. RZ 3 Weid., Ra. (I, E) WZ 1
197 Quendelblättriger Ehrenpreis *Veronica serpyllifolia* L.
[Recht ähnlich, jedoch Blätter rundlich, Sproß ästig und wurzelnd, in Rasennarben hfg. Fadenehrenpreis *V. filiformis* L.]

53 a. Blätter kräftig gekerbt, ± behaart, meist mit breitem Grund abgerundet oder gestutzt, sitzend **54**

54. Blätter meist kaum 1 cm lang oder breit, beiderseits mit meist nur je 2–4 Kerbzähnen; Stengel meist vom Grund an ästig, ± aufrecht, selten höher als 10–20 cm, oft ringsum kraushaarig. Selt. tr.-fri. RZ 3 Grünld. (G, H, I, A) WZ 1
198 Feldehrenpreis *Veronica arvensis* L.

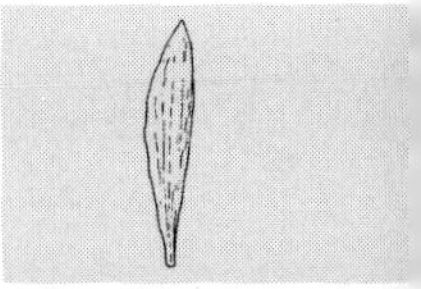

54 a. Blätter länger, meist auch breiter als 1 cm, beiderseits mit vielen Kerbzähnen; Stengel niederliegend-aufsteigend, meist erst oben verzweigt, bis 40 cm hoch, stets zweireihig behaart. Vbtt. fri. RZ 3 Grünld., Ra. (I, G, H, J) WZ 2
199 Gamander Ehrenpreis *Veronica chamaedrys* L.

4.14.2 Ganzrandiges Blatt

4.14.2.1 Längs-(parallel-)nerviges Blatt (S. 22, 24)

1. Grundblätter tief herzförmig: S u m p f h e r z b l a t t *(Parnassia palustris)* 131

1 a. Blätter am Grund höchstens gestutzt, meist in den Stiel verschmälert (nie tief herzförmig); blütentragende Stengel entweder ganz blattlos oder mindestens 2blättrig **2**

2. Pflanzen mit Milchsaft **3**

2 a. Pflanzen ohne Milchsaft **4**

3. Blätter aus bauchig verbreitertem, am Stengel halbumfassendem Grund verschmälert, lang lanzettlich bis grasähnlich schmal, mit weißlichem Längsstreifen und meist welligem Rand. Mittelrippe hohl. Pflanze völlig kahl. Zstr. tr.-wechself. RZ 4 Wies. (G, H, K, A) WZ 4

200 **Wiesenbocksbart** *Tragopogon pratensis* L.

3 a. Büschelig stehende Grundblätter schmaloval-lanzettlich, bis 5 cm breit, in einen ziemlich langen Stiel zusammengezogen, Stengel meist blattlos oder mit einigen kleinen Hochblättern, mindestens in der Jugend etwas wollig behaart. Selt. (bes. O, SO) wechself.-feu. RZ 2 Wies., bes. mont. (K, H, C, B) WZ 4, als gefährdete Art in der Roten Liste enthalten!

201 **Niedrige Schwarzwurzel** *Scorzonera humilis* L.

4. Blätter groß; wenn ± rundlich, meist mit mehr als 4 cm Durchmesser; wenn lanzettlich, elliptisch o. ä., 6–40 cm lang 5

4 a. Blätter wesentlich kleiner, selten breiter als 1 cm oder länger als 5 cm; siehe Enzianarten *(Gentiana spec.)* 255–257

5. Blatt völlig ganzrandig, ohne entfernte Zähne oder Lappen, rein parallel- oder bogennervig (ohne Fiedernerven); Pflanzen nie mit bodenanliegender Blattrosette*), stets völlig kahl 6

5 a. Blattrand entfernt gezähnt (wenn auch sehr fein) oder lappig wellig, oft Fiedernerven erkennbar; z. T. mit bodenanliegender Grundrosette*), kahl oder behaart 10

6. Nur zwei praktisch gegenständige Blätter am blütentragenden Stengel (außer kleinen Hochblättern im Blütenstand) . . 7

6 a. 2–10 grundständige Blätter 8

7. Blätter breitoval bis elliptisch, ungestielt, ziemlich hoch über dem Boden, seitlich abstehend; ohne Knolle im Boden. Selt. feu. RZ 3 Wies. (H, J, I b, C) WZ 1

202 **Eiförmiges Zweiblatt** *Listera ovata* R. Br.

7 a. Blätter langoval, in einen Stiel verschmälert, rübenähnliche Knolle im Boden. Selt. fri.-wechself. RZ 2 Magerr. (B, I b) WZ 1, als gefährdete Art in der Roten Liste enthalten!

203 **Zweiblättrige Waldhyazinthe** *Platanthera bifolia* (L.) Rich. [Recht ähnlich Berg-Waldhyazinthe *P. chlorantha* (Cust.) Rchb., als gefährdete Art in der Roten Liste enthalten!]

8. Mit braunschuppiger, zwiebelförmiger, ungeteilter Knolle im Boden. Nur im Frühjahr vorhandener, grundständiger Kranz von meist 4 eine Samenkapsel umschließenden, nie dunkel

*) Siehe Anmerkung S. 66.

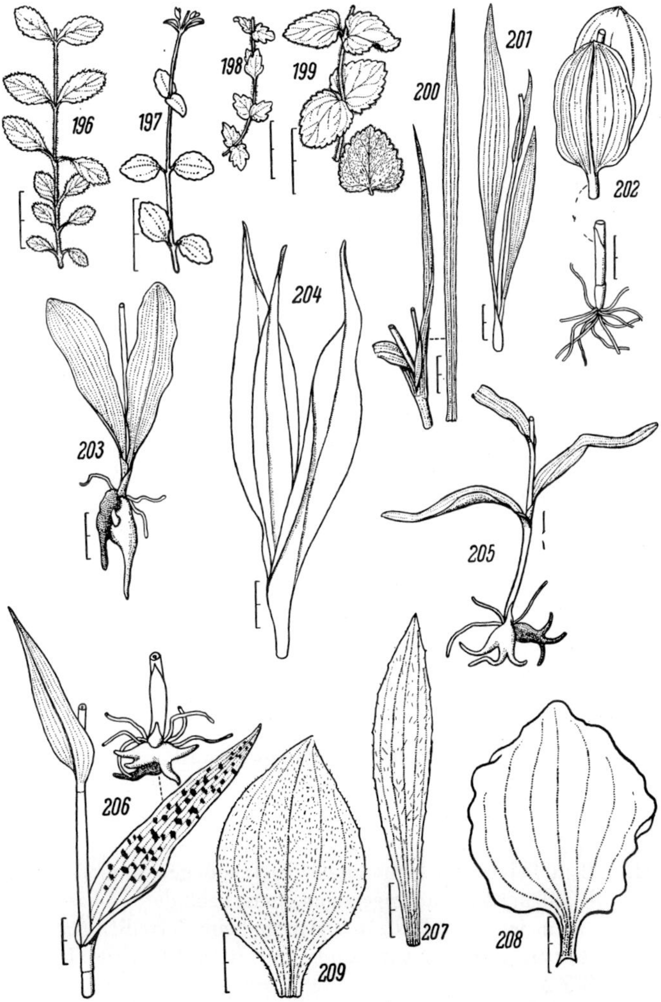

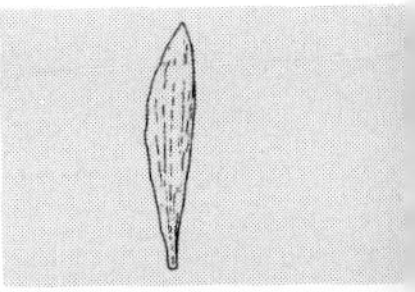

196 Waldehrenpreis *(Veronica officinalis)* **197** Quendelblättriger Ehrenpreis *(V. serpyllifolia)* **198** Feldehrenpreis *(V. arvensis)* **199** Gamander Ehrenpreis *(V. chamaedrys)* **200** Wiesenbocksbart *(Tragopogon pratensis)* **201** Niedrige Schwarzwurzel *(Scorzonera humilis)* **202** Eiförm. Zweiblatt *(Listera ovata)* **203** Zweiblättr. Waldhyazinthe *(Platanthera bifolia)* **204** Herbstzeitlose *(Colchicum autumnale)* **205** Geflecktes Knabenkraut *(Dactylorhiza maculata*-Gruppe) **206** Breitblättr. Kn. *(D. majalis)* **207** Spitzwegerich *(Plantago lanceolata)* **208** Breitwegerich *(P. major)* **209** Mittlerer Wegerich *(P. media)*

gefleckten Blättern. Hfg. (N selten) wechself.-feu. RZ 4 Wies., selt. Weid. (H, J, K) WZ–1, als gefährdete Art in der Roten Liste enthalten!

204 Herbstzeitlose *Colchicum autumnale* L.

8 a. Mit weißer handteiliger Knolle im Boden; Blätter wenigstens zum Teil am oberirdischen Stengel ansetzend, meist dunkel gefleckt, nie eine Fruchtkapsel umschließend **9**

9. Blätter zu 6–10, Stengel nicht hohl. Zstr. wechself. RZ 2 Magerr. (B, H, I b) WZ 1, als gefährdete Art in der Roten Liste enthalten!

205 Geflecktes Knabenkraut *Dactylorhiza maculata* (L.)-Gruppe

9 a. Blätter zu 4–6, Stengel hohl. Zstr. feu. RZ 3 Wies. (J, K, C) WZ 1, als gefährdete Art in der Roten Liste enthalten!

206 Breitblättriges Knabenkraut *Dactylorhiza majalis* (Rchb.) Hunt et Summ.

[Die Arten zu 9. und 9 a. sind an den Blättern allein nicht sicher untereinander und von verwandten Arten zu unterscheiden, zumal bei 9 a. die Blattflecken auch fehlen können.]

10. (5 a) Blätter lanzettlich bis lineal-lanzettlich, allmählich in den breiten Stiel verschmälert, 5–8mal so lang wie breit; Grundblätter meist von der Grasnarbe hochgehoben. Vbtt. fri. RZ 3 Grünld. (I, G, H, J, B) WZ 6

207 Spitzwegerich *Plantago lanceolata* L.

10 a. Blätter elliptisch bis breitoval; Grundrosette bodenanliegend **11**

11. Blatt plötzlich in einen Stiel von gewöhnlich halber Blattlänge zusammengezogen, meist kahl; die 3–7 Längsnerven meist besonders zäh-elastisch, beim Zerreißen des Blattes fadenartig heraustretend. Vbtt. fri. RZ 4 Trittr. (I, E, F) WZ 2

208 Breitwegerich *Plantago major* L

11 a. Blatt allmählich in einen breiten stielartigen Grund zusammengezogen, beiderseits meist kurzhaarig; meist 7–9 Nerven. Zstr. tr. RZ 4 Weid., Ra. (I, E, G, A a) WZ 2

209 Mittlerer Wegerich *Plantago media* L.

4.14.2 Ganzrandiges Blatt

4.14.2.2 Nicht längsnerviges Blatt

4.14.2.2.1 Wechselständige Blätter oder Grundrosette (S. 22, 24)

(Sondern fieder-, finger-, netznervig oder mit nur einem Längsnerv)

1. Blätter entweder nur in Grundrosetten oder an Stengeln wechselständig; einige Arten mit dickfleischigen Blättern **2**

1 a. Blätter an Stengeln gegenständig, Grundrosette vorhanden oder fehlend **4.14.2.2.2,** S. 106

2. Blätter dickfleischig, leicht brechend, von halbrundem oder vollrundem Querschnitt, an nichtblühenden Stengeln dicht 3–6-zeilig stehend **3**

2 a. Blätter nicht dickfleischig, flach (selten fast nadelförmig schmal), nicht leicht brechend, nicht in deutliche Zeilen gestellt **4**

3. Blättchen nur 2–4 mm lang, oval bis stumpf dreieckig, mit stumpfem Grund sitzend; Geschmack sehr scharf. Selt. (sehr) tr. RZ 4 lückige Magerr. (A, G) WZ –1
210 Scharfer Mauerpfeffer *Sedum acre* L.

3 a. Blätter 10–15 mm lang, lineal bis pfriemlich, kurz stachelspitzig, am Grunde mit kurzem, stumpfem Sporn; Geschmack nicht scharf. Selt. (bes. SW) sehr tr. RZ 3 lückige Magerr. (A b) WZ –1
211 Tripmadam *Sedum reflexum* L.

4. Pflanzen nur mit ± bodenanliegenden Blattrosetten (z. T. daneben später auch beblätterte Triebe) **5**

4 a. Pflanzen schon früh mit beblätterten Sprossen, mit Grundblättern oder ohne solche **11**

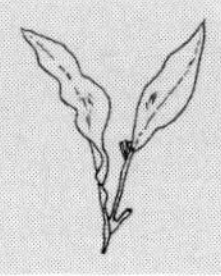

5. Die Grundrosette besteht aus schleimig-klebrigen, hellgelbgrünen bis ganz blaßgrünen Blättern mit nach oben eingerolltem Rand. Selt. feu. RZ 4 Magerr. (C) WZ 0, als gefährdete Art in der Roten Liste enthalten!
212 Fettkraut *Pinguicula vulgaris* L.

5 a. Blätter nicht schleimig-klebrig **6**

6. Pflanzen mit beblätterten oberirdischen Ausläufern und mit Milchsaft; Blätter lanzettlich bis spatelförmig **7**

6 a. Pflanzen ohne oberirdische Ausläufer und ohne Milchsaft **8**

7. Blätter auffallend mit einzeln stehenden, 3–6 mm langen Borsten behaart, auf der Unterseite weißfilzig, etwas lederig;

Blätter der Ausläufer zum Ende hin kleiner werdend. Hfg. (sehr) tr. RZ 2 Ödld., Magerr. (B, I b, E, A) WZ 2

213 Behaartes Habichtskraut, Mausöhrchen *Hieracium pilosella* L.

7 a. Blätter in der Regel kahl, höchstens mit einigen Haaren am Blattgrund oder am Blattrand, blaugrün; Blätter der Ausläufer zum Ende hin größer werdend. Selt. feu. RZ 2 Ödld., Magerr. (B, C, H, K) WZ 2, als gefährdete Art in der Roten Liste enthalten!

214 Öhrchen-Habichtskraut *Hieracium lactucella* Wallr.

8. Blätter lang-lanzettlich, mit (wenigstens bei älteren Pflanzen) stechend steifen Borsten: Natternkopf *(Echium vulgare)* 16

8 a. Blätter nicht stechend borstig **9**

9. Blätter groß, d.h. 5 bis über 20 cm lang und 1–5 cm breit: Bergwohlverleih *(Arnica montana)* 237, Teufelsabbiß *(Succisa pratensis)* 238

9 a. Blätter kleiner, in der Regel höchstens 1 cm breit und 4 cm lang **10**

10. Rosettenblätter spatelförmig bis oval, in einen deutlichen Stiel verschmälert, vorn abgerundet oder ± tief ausgerandet, mit einem Zähnchen in der Kerbe, etwas lederig. Selt. (N fehld.) sehr tr. RZ 5 Magerr. (A a) WZ 2, als gefährdete Art in der Roten Liste enthalten!

215 Kugelblume *Globularia punctata* Lapeyr.

10 a. Rosettenblätter nicht deutlich gestielt, spatelförmig, nie tief ausgerandet, etwa 1½–3½ cm lang; Pflanze oft kleine Rasen bildend, meist sehr bitter schmeckend. Selt. (bes. S) wechself.-feu. RZ 4 Wies. (K, C) WZ 1

216 Bittere Kreuzblume *Polygala amara* L.

11. (4 a) Pflanzen mit Milchsaft **12**

11 a. Pflanzen ohne Milchsaft **14**

12. Milchsaft spärlich, Blätter kurz, aber deutlich gestielt; zarte, feinstengelige Pflanze (zeitweise mit herz- bis nierenförmigen oder doch gekerbten Grundblättern oder vertrockneten Resten von solchen). Zstr. tr.-wechself. RZ 3 Ödld., Magerr. (B, I b, H, A) WZ 3

217 Rundblättrige Glockenblume *Campanula rotundifolia* L.

12 a. Milchsaft sehr reichlich, Blätter sitzend; kräftige Pflanzen ohne in der Form abweichende Grundblätter **13**

13. Blätter lineal, oft fast nadelförmig schmal, meist sehr dicht spiralig und waagerecht abstehend oder sich deckend; Rand meist etwas umgebogen. Zstr. (N seltener) tr. RZ 3 Magerr. (A, B, I b, G) WZ–1
218 Zypressenwolfsmilch *Euphorbia cyparissias* L.

13 a. Blätter länglichoval mit verschmälertem Grund, die tiefer stehenden meist herabgeschlagen; Rand meist ganz fein gesägt, flach. Selt. (bes. S.) sehr tr. RZ 4 Magerr. (A a, G) WZ–1
219 Warzenwolfsmilch *Euphorbia verrucosa* L.

14. Pflanzen ganz oder doch an Stengel und Blattunterseite dicht weiß- oder grau-filzig, schmalblättrig **15**

14 a. Pflanzen nicht dicht filzig **17**

15. Blätter oberseits grün und höchstens spärlich behaart, spatelförmig, unterseits filzig; niedriges, liegendes Pflänzchen, mit beblätterten Kriechtrieben kleine Rasen bildend. Selt. tr.-fri. RZ 3 Ödld., Magerr. (B, A a, H) WZ 1, als gefährdete Art in der Roten Liste enthalten!
220 Katzenpfötchen *Antennaria dioica* (L.) Gaertn.

15 a. Blätter beiderseits filzig; ohne Ausläufer **16**

16. Stengel vom Grund an stark verzweigt, nur blühende Triebe, ausgebreitet; Blätter schmal spatelförmig. Selt. (wechself.-) feu. RZ 2 Trittr. (I, C) WZ 1
221 Sumpfruhrkraut *Gnaphalium uliginosum* L.

16 a. Stengel unverzweigt, rutenförmig, auch kurze, nichtblühende Triebe, alle ± aufrecht; Blätter lanzettlich bis lineal, oberseits zuweilen verkahlend. Selt. tr.-wechself. RZ 1 Ödld., Magerr. (B, H) WZ 1
222 Waldruhrkraut *Gnaphalium sylvaticum* L.

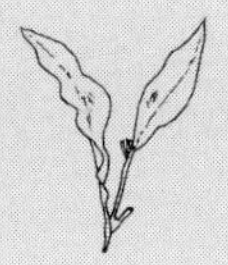

17. Stengelknoten mit behaarten oder am oberen Rand bewimperten Scheiden (»Tuten«, Abb. 224), Stengel an den Knoten ± verdickt, Blätter meist lanzettlich, an beiden Enden verschmälert **18**

17 a. Stengel ohne verdickte Knoten mit Tuten **19**

18. Geschmack scharf pfefferartig. Tute kahl, am Rand jedoch mit einigen ungleich langen Wimpern, Blattstiel über der Mitte der Tute abgehend; Blatt unter der Mitte am breitesten, nur sehr selten mit schwarzem Fleck. Selt. fri. RZ 2 lückiges Grünld. (bes. F) WZ 1
223 Wasserpfeffer *Polygonum hydropiper* L.

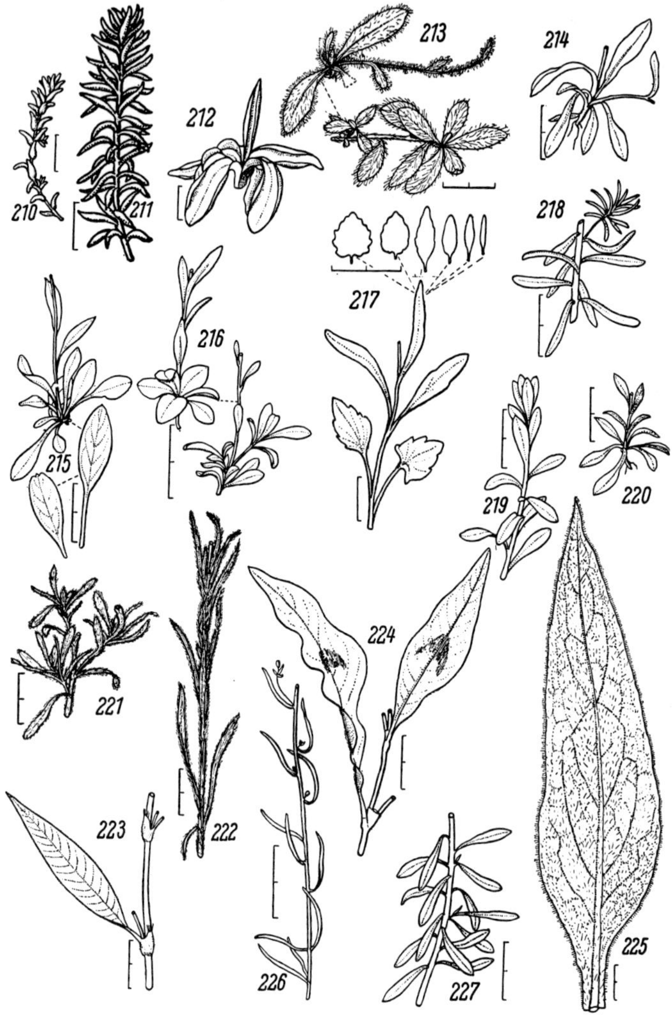

210 Scharfer Mauerpfeffer *(Sedum acre)* **211** Tripmadam *(S. reflexum)* **212** Fettkraut *(Pinguicula vulgaris)* **213** Behaartes Habichtskraut *(Hieracium pilosella)* **214** Öhrchen-H. *(H. lactucella)* **215** Kugelblume *(Globularia punctata)* **216** Bittere Kreuzblume *(Polygala amara)* **217** Rundblättr. Glockenblume *(Campanula rotundifolia)* **218** Zypressenwolfsmilch *(Euphorbia cyparissias)* **219** Warzenwolfsmilch *(E. verrucosa)* **220** Katzenpfötchen *(Antennaria dioica)* **221** Sumpfruhrkraut *(Gnaphalium uliginosum)* **222** Waldruhrkraut *(G. sylvaticum)* **223** Wasserpfeffer *(Polygonum hydropiper)*

18 a. Geschmack nicht pfefferartig. Tute ± behaart, am Rand gleichmäßig bewimpert, Blattstiel fast am Grund der Tute abgehend; Blatt in der Mitte am breitesten, oft mit schwarzem Fleck. Zstr. fri.-feu. RZ 4 Grünld. (F) WZ 1
224 Pfirsichblättriger Knöterich *Polygonum persicaria* L.

19. Außer dem beblätterten Stengel findet sich eine mehr oder minder deutlich entwickelte Rosette von Grundblättern; siehe oben unter 9. bis 10 a.
19 a. Pflanzen stets ohne Grundrosette **20**
20. Blätter mit (zuweilen stechend) steifen Borsten, meist länger als 6–20 cm **21**
20 a. Blätter kahl oder höchstens rauhhaarig (nicht steif oder stechend borstig) **22**
21. Blätter lang lanzettlich, in den Stiel verschmälert, nicht am Stengel herablaufend, mit nur einem deutlichen Nerv (am Stengelgrund oft Reste der erstjährigen Blattrosette): Natternkopf *(Echium vulgare)* 16
21 a. Blätter sehr groß, lang-spitzoval mit deutlich abgesetztem, geflügeltem Stiel, runzlig-netznervig; Flügel des Blattstiels weit am Stengel herablaufend. Zstr. fri.-feu. RZ 4 Wies., Gräben (H, C, K, G) WZ 2
225 Beinwell *Symphytum officinale* L.

22. Blätter ausgesprochen gelbgrün, lineal, $^1/_2$ bis 2 mm breit, entfernt stehend, Pflanze meist verzweigt. Selt. tr.-wechself. RZ 3 Ödld., bes. mont. (H, I b, B) WZ 0, als gefährdete Art in der Roten Liste enthalten!
226 Frauenflachs, Leinblatt *Thesium pyrenaicum* Pourr.

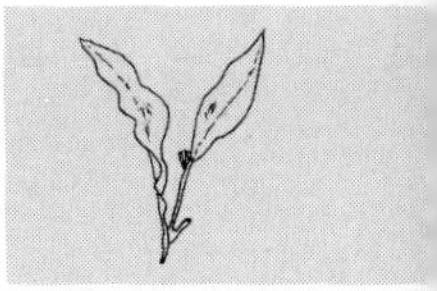

22 a. Blätter normalgrün bis blau- oder graugrün, breiter als 2 mm; soweit ebenfalls lineal, gedrängt stehend **23**
23. Blätter schmal lineal bis lanzettlich, gedrängt stehend, am Rand oft etwas umgerollt, kahl, Stengel meist unverzweigt. Selt. tr.-fri. RZ 3 lückige Weid., Ra. (I a, A, E) WZ –1
227 Leinkraut *Linaria vulgaris* Mill.

23 a. Blätter ± oval bis spatelförmig **24**
24. Blätter beiderseits ± rauhhaarig, meist spatelförmig oder

224 Pfirsichblättrig. Knöterich *(P. persicaria)* **225** Beinwell *(Symphytum officinale)* **226** Frauenflachs *(Thesium pyrenaicum)* **227** Leinkraut *(Linaria vulgaris)*

228 Acker-Vergißmeinnicht *(Myosotis arvensis)* **229** Sumpf-V. *(M. palustris)* **230** Gemeine Kreuzblume *(Polygala vulgaris)* **231** Quendelblättr. Kr. *(P. serpyllifolia)* **232** Sonnenröschen *(Helianthemum nummularium)* **233** Thymian *(Thymus serpyllum)* **234** Blutweiderich *(Lythrum salicaria)* **235** Gewöhnlicher Gilbweiderich *(Lysimachia vulgaris)* **236** Taglichtnelke *(Melandrium rubrum)* **237** Bergwohlverleih *(Arnica montana)* **238** Teufelsabbiß *(Succisa pratensis)* **239** Vogelmiere *(Stellaria media)* **240** Nickendes Leimkraut *(Silene nutans)* **241** Pechnelke *(Viscaria vulgaris)* **242** Kuckuckslichtnelke *(Lychnis flos-cuculi)*

langoval, 2–6 cm lang; Stengel meist kantig, reichlich behaart **25**

24 a. Blätter (fast) kahl; Stengel meist stielrund, kahl oder nur schwach behaart **26**

25. Blätter beiderseits rauhhaarig-feinborstig, graugrün; Stengel zottig behaart. Zstr. tr. RZ 3 Magerr. (H) WZ 2

228 Acker-Vergißmeinnicht *Myosotis arvensis* (L.) Hill

25 a. Blätter nur spärlich rauhhaarig, grün; Stengel weich, oft hohl, stark verästelt, locker-wollig behaart. Vbtt. feu. RZ 3 Wies., Gräben (C, D, J, K, H) WZ 2

229 Sumpf-Vergißmeinnicht *Myosotis palustris* L.

26. Unterblätter mit deutlich abgesetztem, mehr als 1 cm langem Stiel, spatelförmig, vorn oft ausgerandet mit einem Zähnchen in der Kerbe; mit ± deutlicher Grundrosette: Kugelblume *(Globularia punctata)* 215

26 a. Unterblätter keilförmig in den Grund verschmälert oder ganz kurz (1–2 mm lang) gestielt, vorn nicht ausgerandet **27**

27. Die rosettenähnlich stehenden Grundblätter erheblich größer als die Stengelblätter; Geschmack sehr bitter: Bittere Kreuzblume *(Polygala amara)* 216

27 a. Grundblätter nicht rosettenähnlich stehend, meist kleiner als die Stengelblätter; Geschmack nicht stark bitter **28**

28. Stengel meist unverzweigt, Pflanze aber oft vielstengelig; alle Blätter wechselständig, langoval bis schmal lanzettlich, spitz, 3–4mal so lang wie breit. Zstr./selt. tr.-wechself. RZ 2 Ödld., Magerr. (A, B, H, K) WZ 1, als gefährdete Art in der Roten Liste enthalten!

230 Gemeine Kreuzblume *Polygala vulgaris* L.
(Ähnlich auch: Schopfige Kreuzblume *Polygala comosa* Schkuhr.)

28 a. Stengel sehr dünn, vom Grunde an verzweigt, Äste höher wachsend als der Haupttrieb. Untere Blätter gegenständig, oval, obere rautenförmig bis lanzettlich, nur 2–2½mal so lang wie breit. Selt. (bes. W, NW) wechself.-feu. RZ 1 Ödld., Magerr. (H, B), WZ 1, als gefährdete Art in der Roten Liste enthalten!

231 Quendelblättrige Kreuzblume *Polygala serpyllifolia* Hose

4.14.2 Ganzrandiges Blatt

4.14.2.2 Nicht längsnerviges Blatt

4.14.2.2.2 Gegenständige Blätter (S. 22, 24)

1. Blätter am Grunde mit je 2 schmal-lanzettlichen Nebenblättern, langoval; Halbsträuchlein mit unten verholzenden Trieben. Zstr. (N, NW selt.) RZ 4 tr. Magerr. (A, H, I b) WZ 1
232 Sonnenröschen *Helianthemum nummularium* (L.) Mill.

1 a. Ohne Nebenblätter **2**
2. Pflanze stark aromatisch riechend, Blätter oval bis elliptisch, etwas lederig, am Stiel meist etwas bewimpert; Halbsträuchlein mit unten verholzenden Trieben, meist unter 10 cm hoch. Selt. (sehr) tr. RZ 3 Magerr. (A, B, H, I b) WZ 1, als gefährdete Art in der Roten Liste enthalten!
233 Sand-Thymian, Quendel *Thymus serpylum* L. em. Mill. s. l. Ähnlich u. a. Feld-Thymian *T. pulegioides* L.

2 a. Pflanzen nicht stark aromatisch riechend **3**
3. Blätter groß, stets über 1 cm (bis über 5 cm) breit und über 4 (bis über 15 cm) lang; meist kräftige Stauden **4**
3 a. Blätter kleiner, meist nur bis 1 cm breit oder wenig breiter **8**
4. Stengel kantig; Blätter länglich spitzoval bis lanzettlich, weidenblattähnlich, nicht selten zu 3 (–5) quirlig stehend . . . **5**
4 a. Stengel stielrund; Blätter breit- bis langoval, obere auch lanzettlich, stets nur zu 2 gegenständig **6**
5. Blatt mit meist herzförmigem Grund sitzend, unterseits mit deutlich hervortretendem Nervennetz; Stengel scharf vier- oder mehrkantig. Zstr. wechself.-feu. RZ 3 Wies., Gräben (K, J, C, D) WZ 2
234 Blutweiderich *Lythrum salicaria* L.

5 a. Blatt sehr kurz gestielt mit deutlich verschmälertem Grund und hell durchscheinendem, engmaschigem Nervennetz; Stengel stumpfkantig. Zstr. feu. RZ 3 Wies., Gräben (J, K) WZ 2
235 Gewöhnlicher Gilbweiderich *Lysimachia vulgaris* L.

6. Untere Blätter breitoval, kurz zugespitzt, dicht und weich behaart, obere länglich-spitzoval; Stengel reich beblättert, die dünneren schlaff, ohne Grundrosette. Selt. fri. RZ 3 Wies., bes. mont. (H, G, I) WZ 2
236 Taglichtnelke *Melandrium rubrum* (Weigel) Garcke

6 a. Pflanzen mit Grundrosette (z. T. mit kurzen, aber deutlichen

Internodien); Blätter oval-elliptisch oder lanzettlich, nur kurz oder spärlich behaart, an den straffen Stengeln nur 1–3 Blattpaare 7

7. Blattgrund rasch verschmälert, ohne eigentlichen Stiel; Grundrosette fest bodenanliegend, meist vierblättrig; beim Reiben schwach aromatisch riechend. Selt. fri.-wechself. RZ 1 Ödld., Magerr. (B, H) WZ 1, als gefährdete Art in der Roten Liste enthalten!

237 **Bergwohlverleih** *Arnica montana* L.

7 a. Blatt deutlich und z. T. langgestielt, Stiel oft etwas geflügelt; Grundrosette meist vom Gras angehoben, mit wechselnder Blattzahl; Blätter oberseits mit breiter heller Mittellinie, beim Zerreißen fadenziehend, zuweilen am Rand gezähnt. Geruchlos. Zstr./selt. wechself.-feu. RZ 2 Ödld., Magerr. (C, K, J, H, B) WZ 2, als gefährdete Art in der Roten Liste enthalten!

238 **Teufelsabbiß** *Succisa pratensis* Moench

8. (3 a) Untere Blätter mit deutlich abgesetztem, mindestens ½ bis 1 cm langem Stiel oder doch auf einige cm Länge stielartig verschmälert 9

8 a. Alle Blätter sitzend oder höchstens wenige mm lang gestielt oder stielartig verschmälert 12

9. Niedrige, dünnstengelige, liegend-aufsteigende, rasenbildende schlaffe Pflanze; Unterblätter breitoval, kurz zugespitzt, meist ½–1–2 cm lang gestielt. Nicht klebrig, Stengel 1reihig behaart. Hfg. fri. RZ 4 lückige Weid., Trittra. (I a, E) WZ 2

239 **Vogelmiere,** Hühnerdarm *Stellaria media* (L.) Vill.

9 a. Kräftigere, ± aufrechte Pflanzen mit spatelförmigen bis schmal- bis lineal-lanzettlichen, lang stielartig verschmälerten Blättern; unter den Stengelknoten oder am oberen Stengelteil klebrig 10

10. Pflanze reichlich zottig behaart, Stengel oberwärts drüsig-klebrig; untere Blätter spatelförmig, in einen langen Stiel verschmälert. Selt. tr. RZ 3 Magerr. (A, H) WZ 3

240 **Nickendes Leimkraut** *Silene nutans* L.

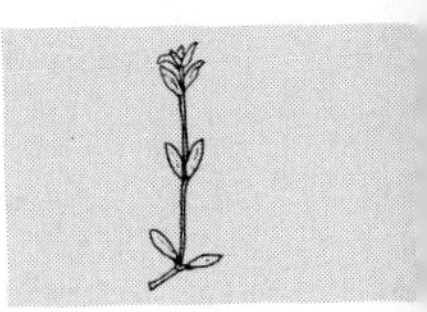

10 a. Blätter überwiegend kahl, höchstens am Blattgrund spärlich behaart oder am Rand rauh 11

11. Blätter lang lanzettlich bis fast lineal, unmerklich in den Stiel verschmälert; Stengel unter den oberen Knoten mit dunklem, stark klebendem Pechkragen. Selt. tr. RZ 2 Magerr. (B, I b) WZ 1, als gefährdete Art in der Roten Liste enthalten!

241 **Pechnelke** *Viscaria vulgaris* Bernh.

11 a. Blätter länglich spatelförmig, in einen kurzen Stiel verschmälert; Stengel unter den Knoten schwach klebrig. Zstr./selt. feu. RZ 3 Wies. (J, C, D) WZ 1, als gefährdete Art in der Roten Liste enthalten!

242 **Kuckuckslichtnelke** *Lychnis flos-cuculi* L.

12. Blattfläche oder Blattrand mit ± zahlreichen durchscheinenden (und) oder schwarzen Drüsenpunkten (Lupe!); Blätter rundlich bis lang-oval, mit abgerundetem oder herzförmigem Grund sitzend **13**

12 a. Blattfläche und Blattrand ohne durchscheinende oder schwarze Drüsenpunkte; Blätter länglich bis lineal, mit scharfer oder abgerundeter Spitze **16**

13. Stengel stielrund, hohl; Blatt breit dreieckig-herzförmig, halbstengelumfassend, ohne schwarze, aber mit zahlreichen durchscheinenden Punkten. Selt. (W, SW) fri.-wechself. RZ 1 Ödld., bes. mont. (B) WZ 1, als gefährdete Art in der Roten Liste enthalten!

243 **Schönes Johanniskraut** *Hypericum pulchrum* L.

13 a. Stengel 2- oder 4kantig **14**

14. Stengel 2kantig, markig; Blätter oval bis langoval (selten fast lineal), untere mit abgerundetem Grund sitzend, durchscheinend punktiert und am Rand mit schwarzen Punkten. Zstr. tr. RZ 3 Magerr. (A, B, H) WZ 1

244 **Echtes Johanniskraut,** Hartheu *Hypericum perforatum* L.

14 a. Stengel 4kantig, meist hohl **15**

15. Stengel nur schwach 4kantig, nicht geflügelt; Blätter rasch in den abgerundeten Grund verschmälert, mit wenigen durchscheinenden Punkten oder ohne solche, am Rand mit schwarzen Punkten. Hfg. fri.-feu. RZ 2 Ödld., Magerr. (B, H, J, K, C) WZ 1

245 **Geflecktes Johanniskraut** *Hypericum maculatum* Crantz

15 a. Stengel durch ± weit vorstehende Leisten geflügelt; Blätter ± breitoval, halbstengelumfassend, mit zahllosen, feinen durchscheinenden, aber nur wenigen schwarzen Punkten. Selt. feu. RZ 4 Wies., Gräben (C, J) WZ 1, als gefährdete Art in der Roten Liste enthalten!

246 **Geflügeltes Johanniskraut** *Hypericum tetrapterum* Fries

16. Blätter und (oder) Stengel ± behaart **17**

16 a. Pflanzen überwiegend kahl (höchstens am Blattgrund mit einigen Wimpern) **19**

17. Bis 70 cm hohe, nicht rasenartig wachsende Pflanze, ältere Individuen mit Bodenausläufern, ganze Pflanze meist kurz weichhaarig. Blätter lineal-lanzettlich, meist 3–5 cm lang oder länger: Sumpfweidenröschen *(Epilobium palustre)* 181

17 a. Pflanzen niedriger (höchstens in wüchsigen Wiesen höher als 15–25 cm), dicht- oder lockerrasig, ohne Bodenausläufer **18**

18. Pflanze dichtrasig, meist mit Blattbüscheln in den Blattachseln; Blätter ± schmal lanzettlich, meist spitz, höchstens undeutlich gestielt. Blattoberseite in der oberen Hälfte meist ± flaumig behaart oder Blattgrund bewimpert, Blattunterseite kahl. Stengel deutlich zweireihig behaart, oberwärts mit Drüsenhaaren (Lupe!). Selt. tr. RZ 2 lückiges Grünld. (I, G, H) WZ 3

247 Ackerhornkraut *Cerastium arvense* L.

18 a. Pflanze lockerrasig oder mit nur wenigen Stengeln, meist ohne Blattbüschel in den Blattachseln; Blätter meist sehr entfernt stehend, meist deutlich gestielt, oval bis langoval oder breit lanzettlich, bis 6 mm breit, stumpf bis spitz, dicht mit abwärts gerichteten Haaren besetzt, Stengel rundum behaart, aber ohne Drüsenhaare. Vbtt. fri.-feu. RZ 3 Grünld., Ra. (I, G, H, J) WZ 3

248 Gemeines Hornkraut *Cerastium holosteoides* Fr. em. Hyl.

19. Die größeren Blätter über 1 cm breit und bis über 6 cm lang, oval bis lanzettlich, spitz; ganze Pflanze durch Wachsschicht bläulich- bis graugrün. Selt. tr. RZ 4 Magerr. (A, H) WZ 3

249 Aufgeblasenes Leimkraut, Taubenkropf *Silene vulgaris* (Moench) Garcke

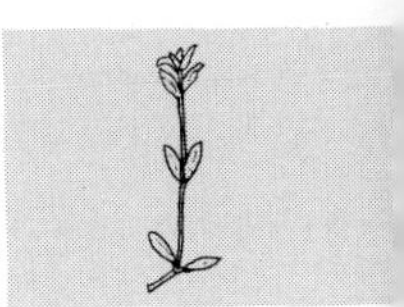

19 a. Blätter stets kleiner und, wenn blaugrün, lanzettlich bis schmal lineal **20**

20. Stengel deutlich bis scharf 4kantig; beim Zerreißen tritt ein elastischer Mittelstrang heraus; Blätter meist ± lang zugespitzt **21**

20 a. Stengel stielrund oder nur stumpfkantig oder mit zwei Leisten, entweder sehr zäh oder einfach brechend; wenn mit elastischem Mittelstrang, dann Blatt nicht lang zugespitzt . **22**

21. Pflanze auch am Blattgrund völlig kahl, bläulich- bis meergrün; Blätter bis 4 mm breit, die unteren länglich spitzoval, die oberen lineal-lanzettlich. Selt. feu. RZ 3 Wies. (J, C, D) WZ 2, als gefährdete Art in der Roten Liste enthalten!
250 Sumpfmiere *Stellaria palustris* Retz.

21 a. Blätter am Grund etwas bewimpert, schmal lanzettlich bis spitz lineal, grasgrün, stets ungestielt; Stengel sehr schlaff, oft mit gespreizten Blättern im Gras klimmend. Zstr. fri. RZ 2 Grünld., bes. mont. (H, I b, D, K, J) WZ 2
251 Grasmiere *Stellaria graminea* L.

22. Stengel fadendünn, sehr zäh, oben streng zweigabelig verzweigt; untere Blätter länglich oval, stumpf, obere lanzettlich; sämtlich am Rand ganz fein gezähnt (Lupe!), meist nur einnervig, nicht länger als 10–15 mm und nur einige mm breit; obere Blätter zuweilen wechselständig. Zstr. tr. (wechself.) RZ 4 Magerr. (A, C, H, K) WZ 0
252 Purgierlein *Linum catharticum* L.

22 a. Stengel nicht fadendünn, nicht besonders zäh; Blätter mindestens der Hauptstengel länger als 20 mm, ausnahmslos gegenständig **23**

23. Blätter am Grund ± scheidig verwachsen (Scheide mindestens ½ bis 1mal so lang wie die Blattbreite). Pflanzen schon im Juni stengelbildend, meist mit ± zahlreichen, rasigen, nichtblühenden Trieben. Stengelblätter grasartig, in eine feine Spitze verlaufend **24**

23 a. Blätter am Grund nicht oder nur undeutlich scheidig verwachsen. Pflanzen erst spät erscheinend, erst vom August an blühende Stengel treibend, ohne nichtblühende Triebe, z. T. aber mit Grundrosette. Stengelblätter, wenn schmal, in eine etwas stumpfe Spitze auslaufend **25**

24. Blätter zu einer bis 15 mm langen Scheide über dem Stengelknoten verwachsen (Scheide 3–4mal so lang wie die Blattbreite), Blätter kahl, am Rand rauh, lineal, lang zugespitzt. Zstr. (NW sehr selt.) tr. RZ 4 Magerr. (A a, G, K) WZ 2
253 Karthäusernelke *Dianthus carthusianorum* L.

24 a. Blätter nur kurzscheidig verwachsen (Scheide ½ bis 1mal so lang wie die Blattbreite); Blätter und Stengel kurzhaarig

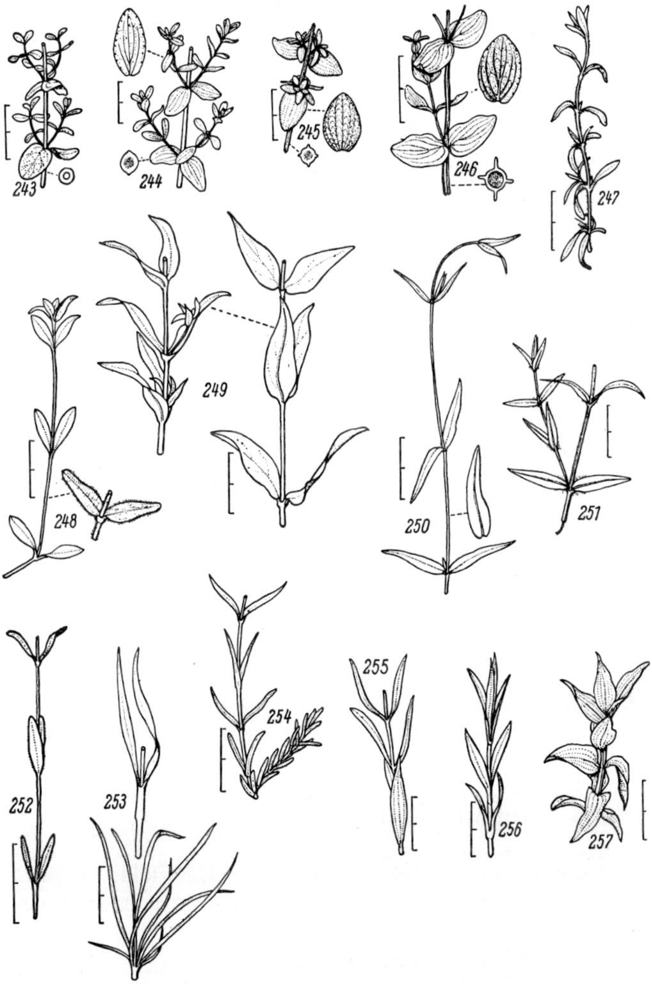

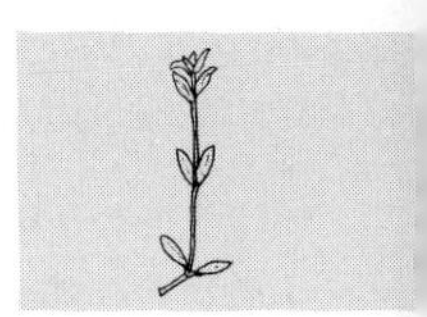

243 Schönes Johanniskraut *(Hypericum pulchrum)* **244** Echtes J. *(H. perforatum)* **245** Geflecktes J. *(H. maculatum)* **246** Geflügeltes J. *(H. tetrapterum)* **247** Ackerhornkraut *(Cerastium arvense)* **248** Gemeines Hornkraut *(C. holosteoides)* **249** Aufgeblasenes Leimkraut *(Silene vulgaris)* **250** Sumpfmiere *(Stellaria palustris)* **251** Grasmiere *(Stellaria graminea)* **252** Purgierlein *(Linum catharticum)* **253** Karthäusernelke *(Dianthus carthusianorum)* **254** Heidenelke *(D. deltoides)* **255** Lungenenzian *(Gentiana pneumonanthe)* **256** Gefranster Enzian *(G. ciliata)* **257** Deutscher E. *(G. germanica)*

rauh, Pflanze rasig mit dicht beblätterten, nichtblühenden Trieben; untere Blätter länglich-spatelförmig, stumpf, früh verwelkt, obere lanzettlich bis spitz-lineal. Selt. tr. RZ 2 Magerr. (A b, B) WZ 2
254 Heidenelke *Dianthus deltoides* L.

Hierher noch mit kahlen Stengeln und Blättern, aber rauhem Blattrand, lineal-lanzettlichen stumpfen Boden- und linealen, lang zugespitzten, kurzscheidig verwachsenen Stengelblättern. Selt. (NW sehr selt.) wechself.-feu. RZ 4 Wies. (K, J) WZ 2, als gefährdete Art in der Roten Liste enthalten!
Prachtnelke *Dianthus superbus* L.
(ohne Abb.)

25. Blätter lineal bis schmal lanzettlich, Stengel meist einfach oder nur wenig verzweigt, auch anfänglich keine Grundrosette; kräftiger Wurzelstock **26**
25 a. Untere Blätter spatelförmig, obere spitzoval; Pflanze oberwärts oft stark verästelt; anfänglich mit Grundrosette; einfache, dünnspindelige Wurzel **27**
26. Blätter stumpf, am Grund undeutlich kurzscheidig, Rand etwas umgerollt. Selt. wechself. RZ 4 Magerr., Streuwies. (K) WZ 0, als gefährdete Art in der Roten Liste enthalten!
255 Lungenenzian *Gentiana pneumonanthe* L.

26 a. Blätter spitz, die unteren in einen kurzen, aber deutlichen Stiel verschmälert, nicht kurzscheidig, Rand scharf, nicht umgerollt. Selt. (N, NW fehld.) tr. RZ 5 Magerr. (A a) WZ 0, als gefährdete Art in der Roten Liste enthalten!
256 Gefranster Enzian *Gentiana ciliata* L.

27. Blüte vierzipflig. Selt. tr.-wechself. RZ 2 Ödld., Magerr., bes. mont. (B, I b) WZ 0, als gefährdete Art in der Roten Liste enthalten!
Feldenzian *Gentiana campestris* L.
(ohne Abb.)

27 a. Blüte fünfzipflig. Selt. (NW fehld.) tr.-wechself. RZ 5 Magerr. (A a, K) WZ 0, als gefährdete Art in der Roten Liste enthalten!
257 Deutscher Enzian *Gentiana germanica* Willd.

4.14.3 Nur teils ganzrandige o. ä. Blätter (S. 22, 24)

(Die Blätter können sowohl Unterschiede zwischen verschiedenen Pflanzen wie an einer Pflanze der Art aufweisen.)

1. Nur eine grundständige Blattrosette vorhanden; Blütenstiel höchstens mit schuppenförmigen Hochblättern 2

1 a. Pflanzen mit beblättertem Stengel, zuweilen daneben mit Grundrosette 3

2. Pflanze mit Milchsaft; Blätter langoval bis lanzettlich, oft mit Sternhaaren (Lupe!) ‹z. T. buchtig-gezähnt bis fiederspaltig›
Rauher Löwenzahn *(Leontodon hispidus)* 155

2 a. Pflanze ohne Milchsaft; Blätter oval bis spatelförmig, unterseits weißmehlig bestäubt (z. T. fein gezähnt)
Mehlprimel *(Primula farinosa)* 166

3. Pflanzen mit Milchsaft (oft spärlich) 4

3 a. Pflanzen ohne Milchsaft 6

4. Pflanze mit einigen gestielten, rosettenartig angeordneten Grundblättern; obere Stengelblätter mit schwach herzförmigem oder geöhrtem Grund halbstengelumfassend (z. T. undeutlich und entfernt gezähnt)
Weicher Pippau *(Crepis mollis)* 158

4 a. Stengelblätter ohne Öhrchen sitzend, etwaige Grundblätter ohne deutlichen Stiel 5

5. Kräftige, bis über 1 m hohe Pflanze mit meist mehr als 1 cm breiten und mehr als 4 cm langen Blättern, ohne Grundblätter; Stengel reich besetzt mit lanzettlichen bis linealen, in den Grund verschmälerten Blättern, ihr Rand ± umgerollt (z. T. entfernt gezähnt)
Dolden-Habichtskraut *(Hieracium umbellatum)* 159

5 a. Schmächtige Pflanze, selten höher als 10–20 cm, Blätter kurz gestielt, schmal lanzettlich bis lineal, meist nur einige mm breit, flach, daneben (oft schon verwelkte) herz- bis nierenförmige Grundblätter (auch obere Blätter zuweilen gekerbt)
Rundblättrige Glockenblume *(Campanula rotundifolia)* 217

6. Pflanzen stark aromatisch riechend 7

6 a. Pflanzen nicht stark riechend 8

7. Blätter bis 4 × 2½ cm groß, bis 1 cm lang gestielt, mit meist 3

Paaren bogiger, unterseits wenig hervortretender Fiedernerven; Stengel derb, meist ± rot (Blätter z. T. durch wenige Zähne schwach gekerbt)
Dost, Wilder Majoran *(Origanum vulgare)* 187

7 a. Blätter nur bis 2 × 1 cm groß, sehr kurz gestielt bis fast sitzend, mit 1–2 fast gerade verlaufenden, unterseits kräftig hervortretenden Fiedernervenpaaren und etwas umgerolltem Rand. Stengel zart, zuweilen violett angelaufen (Blattrand z. T. mit beiderseits wenigen, spitzen Zähnen)
Steinquendel *(Calamintha acinos)* 191

8. Blätter gegenständig **9**
8 a. Blätter wechselständig **15**
9. Nur einige Grundblätter sind ganzrandig; obere Blätter zunehmend (leierförmig-) fiederteilig **10**
9 a. Alle Blätter von ähnlicher Form, nie fiederteilig **11**
10. Pflanze stets kahl, mit oberirdischen beblätterten Ausläufern; Grundblätter (spitz-) oval, stets ungeteilt, ganzrandig oder höchstens geschweift
Kleiner Baldrian *(Valeriana dioica)* 179

10 a. Pflanze gewöhnlich behaart bis dicht langhaarig, ohne oberirdische Ausläufer, Stengel unten meist borstig und rot gefleckt; Unterblätter lanzettlich-spatelförmig, oft schwach gekerbt
Witwenblume *(Knautia arvensis)* 180

11. Pflanze mit bis 30 cm langen oberirdischen, meist nicht wurzelnden Ausläufern; Blätter gestielt, spatelförmig, etwas runzlig-wellig, meist entfernt seicht gekerbt, seltener fast ganzrandig
Kriechender Günsel *(Ajuga reptans)* 192

11 a. Pflanzen mit wurzelnden oberirdischen Ausläufern oder ohne solche (z. T. mit unterirdischen!); Blätter nie spatelförmig **12**
12. Blätter gestielt (Stiel wenigstens der unteren Blätter 1–5 cm lang) **13**
12 a. Blätter sitzend oder sehr kurz gestielt **14**
13. Untere Blätter ± lang gestielt, lanzettlich-spitzoval, meist länger als 6–10 cm, ganzrandig bis ± gekerbt oder gesägt, oberseits mit breiter heller Mittellinie, beim Zerreißen fadenziehend. Mit Grundrosette; im Sommer bis über 60 cm hoch-

wachsend. Kurz »abgebissener« schwarzer Wurzelstock ohne Ausläufer; am Stengel nur 1–3 Blattpaare
Teufelsabbiß *(Succisa pratensis)* 238

13 a. Untere Blätter mit 1–5 cm langem Stiel, oval bis lanzettlich, 10–50 × 5–20 mm groß. Ohne helle Mittellinie, nicht fadenziehend, ohne ausgesprochene Grundrosette. Niedrigbleibende Pflanzen (10–20 cm). Mit kurzen oberirdischen Ausläufern oder verlängertem Wurzelstock; Stengel i. a. reich beblättert
Brunelle-Arten *(Prunella spec.)* 193/194

14. Blätter lang und schmal (selten über 6–8 mm breit), sitzend, am Rand leicht umgerollt; oberste Stengelblätter zuweilen wechselständig (Blattrand mit beiderseits höchstens 1–3 Zähnchen)
Sumpf-Weidenröschen *(Epilobium palustre)* 181

14 a. Blätter rundlich-oval-elliptisch, ganz kurz gestielt, häufiger fein gekerbt oder gesägt als ganzrandig, Stengel oberwärts oft etwas drüsenhaarig (Lupe!)
Quendelblättriger Ehrenpreis *(Veronica serpyllifolia)* 197

15. (8 a) Meist niedrige, liegende Pflanze mit häutigen oder hellbraunen, zuletzt zerschlitzten Scheiden über den Stengelknoten, sehr ästig und bis zur Spitze dicht beblättert (Blätter ganzrandig oder ± gekerbt-gezähnt)
Vogelknöterich *(Polygonum aviculare)* 172

15 a. Pflanzen ± aufrecht und ohne zerschlitzte Scheiden über den Stengelknoten **16**

16. Nur einige Grundblätter ganzrandig (elliptisch bis lanzettlich, lang gestielt), obere Blätter zunehmend gefiedert mit großem Endlappen
Wundklee *(Anthyllis vulneraria)* 68

16 a. Alle Blätter ± gleichförmig oder doch nur durch den Grad der Zähnung oder Fiederteilung unterschieden **17**

17. Obere Blätter mit herzförmig stengelumfassendem Grund, lanzettlich, spitz, waagerecht abstehend, gefaltet oder wellig (z. T. schwach gezähnt)
Weidenalant *(Inula salicina)* 174

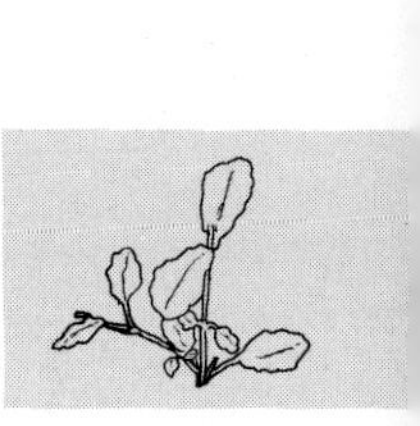

17 a. Blätter in den Stiel verschmälert oder einfach sitzend . . **18**

18. Blätter etwas fleischig, weich, glänzend, völlig kahl, meist oval, aber auch herzförmig bis lineal-lanzettlich (meist entfernt gekerbt, seltener ganzrandig)
Brennender Hahnenfuß *(Ranunculus flammula)* 176

18 a. Blätter nicht fleischig, matt und meist rauh oder ± behaart; Grundform spitz-oval bis lanzettlich (oft mit kleinen Zähnen an den Nervenenden oder mit fiederähnlichen Zähnen oder Lappen, sehr selten ganzrandig im strengen Sinn); Stengel kantig bis gefurcht, ± rauh
Flockenblumen-Arten *(Centaurea spec.)* 177, 178 (s. oben S. 90)

5 Literaturverzeichnis

Anonymus, 1988: ISTA List of stabilized plant names. 3. Auflage. Hrsg. Intern. Seed Testing Ass., Zürich.

Anonymus, 1992: Synopse der Roten Listen Gefäßpflanzen. Hrsg.: Bundesforschungsanstalt f. Naturschutz u. Landschaftsökologie, Bonn. Schriftenr. f. Vegetationskde. H. **22.**

Boeker, P., 1964: Die Verbreitung der wichtigsten Grünlandpflanzen Nordrhein-Westfalens in Abhängigkeit vom pH-Wert. Forsch. u. Beratung R. B. Heft **10,** 211–230.

Encke, F., G. Buchheim und S. Seybold, 1994: Zander — Handwörterbuch der Pflanzennamen. 15. Auflage, Stuttgart: Verlag Eugen Ulmer.

Klapp, E., 1965: Grünlandvegetation und Standort. Berlin u. Hamburg: Verlag Paul Parey.

Klapp E., P. Boeker, F. König und A. Stählin, 1953: Wertzahlen der Grünlandpflanzen. Das Grünland **2,** 38–40.

Opitz von Boberfeld, W., 1972: Pflanzensoziologische und ökologische Untersuchungen der Rasenflächen des Kölner Grüngürtels. Rasen Turf Gazon **3,** 21–27.

Opitz von Boberfeld, W., 1982: Die floristische Zusammensetzung verschiedener Rasenformen in England und Wales. Rasen Turf Gazon **13,** 44–47.

Rümler, R., 1974: Zur Entwicklung von Rasenansaaten und ihre Bedeutung für die ingenieurbiologische Sicherung von Straßenböschungen. Diss. Aachen.

Tüxen, R. und E. Preising, 1951: Erfahrungsgrundlagen für die pflanzensoziologische Kartierung des westdeutschen Grünlandes. Angew. Pflanzensoziologie, Heft **4.**

Tutin, T. G., V. H. Heywood, N. A. Burges, D. M. Moore, D. H. Valentine, S. M. Walters and D. A. Webb, 1964: Flora Europaea. Vol. **1,** University Press, Cambridge.

Tutin, T. G., V. H. Heywood, N. A. Burges, D. M. Moore, D. H. Valentine, S. M. Walters and D. A. Webb, 1968: Flora Europaea. Vol. **2,** University Press, Cambridge.

Tutin, T. G., V. H. Heywood, N. A. Burges, D. M. Moore, D. H. Valentine, S. M. Walters and D. A. Webb, 1972: Flora Europaea. Vol. **3,** University Press, Cambridge.

Tutin, T. G., D. H. Valentine, S. M. Walters and D. A. Webb, 1976: Flora Europaea. Vol. **4,** University Press, Cambridge, London, New York, Melbourne.

6 Artenverzeichnis

6.01 Trivialnamen

Die Zahlen entsprechen der Kennung im Text und den Abbildungen. Bei den unterstrichenen Namen handelt es sich um Pflanzen, die als gefährdet eingestuft sind.

Alant, Weiden 174
Ampfer
- Kleiner 129
- Krauser 148
- Sauer- 130
- Straußblättriger s. Seite 74
- Stumpfblättriger 133

Augentrostarten 195
- Roter 186

Bärenklau 85
Bärwurz 95
Baldrian
- Gebräuchlicher 84
- Holunderblättriger s. Seite 54
- Kleiner 179

Beinwell 225
Betonie 150
Bibernelle
- Große 86
- Stein- 76

Bitterkraut 156
Blutauge, Sumpf- 81
Blutwurz 56
Bocksbart, Wiesen- 200
Brennessel, Große 15
Brunelle
- Große 194
- Kleine 193

Buschwindröschen 65

Distel
- Acker- 18
- Bach- 117
- Englische s. Seite 65
- Gewöhnliche 21
- Gold- 20
- Knollige 116
- Kohl- 118
- Silber- 23
- Stengellose 19
- Sumpf- 22

Dost 187
- Wasser- 42

Dotterblume, Sumpf- 41
Duwock 2

Ehrenpreis
- Faden- s. Seite 95
- Feld- 198
- Gamander 199
- Quendelblättriger 197
- Schild- 185
- Wald- 196

Engelwurz 102
Enzian
- Deutscher 257
- Feld- s. Seite 112
- Gefranster 256
- Lungen- 255

Erdbeere, Wald- 55
Esparsette 72

Färberscharte 153
Feigwurz 139
Ferkelkraut 154
Fettkraut 212
Fieberklee 43
Fingerkraut

- Erdbeer- 54
- Frühlings- 58
- Gänse- 90
- Kriechendes 57

Flockenblume
- Gewöhnliche 177
- Grind- 124
- Schwarze 178

Frauenflachs 226
Frauenmantel 138

Gänseblümchen 165
Gänsekresse, Rauhe 170
Gamander, Edel- 190
Garbe
- Bartrams- 173
- Schaf- 77
- Sumpf- 173

Geißfuß 64
Gilbweiderich, Gewöhnlicher 235
Ginster
- Behaarter 12
- Besen- 10
- Deutscher 5
- Färber- 11
- Flügel- 8

Glockenblume
- Knäuel- 161
- Rapunzel 164
- Rundblättrige 217
- Wiesen- 162

Glockenheide 6
Greiskraut
- Jakobs- 128
- Raukenblättriges 125
- Wasser- 169

Günsel, Kriechender 192
Gundelrebe 143

Habichtskraut
- Behaartes 213
- Doldiges 159
- Glattes 160
- Öhrchen- 214

Hahnenfuß
- Brennender 176
- Gold- 111
- Knollen- 112
- Kriechender 66
- Scharfer 115
- Wald- 114

Hartheu 244
Hauhechel
- Dornige 4
- Kriechende 9

Heidekraut 7
Heidelbeere 14
Helmkraut, Großes 151
Herbstzeitlose 204
Himmelsschlüssel 167
Hirtentäschel 171
Hornkraut
- Acker- 247
- Gemeines 248

Hühnerdarm 239
Huflattich 136

Johanniskraut
- Echtes 244
- Geflecktes 245
- Geflügeltes 246
- Schönes 243

Kälberkropf, Berg- 104
Katzenpfötchen 220
Kerbel, Wiesen- 103
Klappertopf
- Großer 183
- Kleiner 184

Klee
- Bastard- 48
- Berg- 51
- Brauner Moor- 49
- Erdbeer- 47
- Faden- 59
- Feld- 60
- Fieber- 43
- Gelb- 61
- Gold- 50

- Hasen- 52
- Hopfen- 61
- Horn- 70
- Hufeisen- 73
- Mäuse- 52
- Mittlerer 45
- Rot- 44
- Schweden- 48
- Sichel- 62
- Streifen- 53
- Sumpf- 71
- Weiß- 46
- Wiesenrot- 44
- Wund- 68
- Zickzack- 45

Knabenkraut
- Breitblättriges 206
- Geflecktes 205

Knöterich
- Pfirsichblättriger 224
- Vogel- 172
- Wasser- 134
- Wiesen- 132

Kresse, Wald- 126
Kreuzblume
- Bittere 216
- Gemeine 230
- Quendelblättrige 231
- Schopfige s. Seite 105

Kronwicke, Bunte 74
Küchenschelle 94
Kümmel 97
Kugelblume 215

Labkraut
- Echtes 38
- Fels- 40
- Heide- 39
- Kletten- 36
- Kreuz- 34
- Moor- 37
- Nordisches 35
- Sumpf- 33
- Wiesen- 41

Läusekraut
- Sumpf- 79
- Wald- 78

Leimkraut
- Aufgeblasenes 249
- Nickendes 240

Leinblatt 226
Leinkraut 227
Lichtnelke
- Kuckucks- 242
- Tag- 236

Löwenzahn
- Gewöhnlicher 119
- Herbst- 120
- Rauher 155

Luzerne, Bastard- 63

Mädesüß 89
Majoran, Wilder 187
Mannstreu 17
Margerite 175
Maßliebchen 165
Mauerpfeffer, Scharfer 210
Mehlprimel 166
Meister, Hügel- 32
Miere
- Gras- 251
- Sumpf- 250
- Vogel- 239

Minze
- Acker- 189
- Wasser- 188

Möhre, Wilde 98
Mondraute 75

Natternkopf 16
Nelke
- Heide- 254
- Karthäuser- 253
- Pech- 241
- Pracht- s. Seite 112

Nelkenwurz, Bach- 88

Odermennig 91

Pastinak 87
Pestwurz 137
Pfennigkraut 135
Pippau
- Dünnästiger 123
- Sumpf- 157
- Weicher 158
- Wiesen 122

Platterbse
- Berg- 67
- Sumpf- 25
- Wiesen- 26

Preißelbeere 13
Purgierlein 252

Quendel
- Stein- 191
- Thymian 233

Rainfarn 93
Rapunzel
- Kugel- 163
- Teufelskralle 144/5

Ruhrkraut
- Sumpf- 221
- Wald- 222

Salbei, Wiesen- 149
Schachtelhalm
- Acker- 3
- Schlamm- 1
- Sumpf- 2

Scharbockskraut 139
Schaumkraut, Wiesen- 80
Schlüsselblume, Große 168
Schwarzwurzel, Niedrige 201
Silau 99
Silge 100
Sonnenröschen 232
- Spargelerbse 69

Spierstaude, Knollen- 92
- Steinbrech, Knöllchen- 142

Steinquendel 191
Storchschnabel
- Kleiner 106
- Schlitzblättriger 107
- Sumpf- 109
- Wald- 108
- Weichhaariger 105
- Wiesen- 110

Sumpfblutauge 81
Sumpfherzblatt 131

Taubenkropf 249
Taubenskabiose 127
Teufelsabbiß 238
Teufelskralle
- Ährige 145
- Schwarze 144

Thymian
- Feld- s. Seite 106
- Sand- 233

Tripmadam 211
Trollblume 113

Veilchen
- Hunds- 146
- Rauhes 147
- Sumpf- 140

Vergißmeinnicht
- Acker- 228
- Sumpf- 229

Waldhyazinthe
- Berg- s. Seite 96
- Zweiblättrige 203

Waldkresse 126
Wasserfenchel, Röhren- 96
Wassernabel 152
Wasserpfeffer 223
Wegerich
- Breit- 208
- Mittlerer 209
- Spitz- 207

Wegwarte 121
Weidenröschen, Sumpf- 181
Weiderich
- Blut- 234
- Gewöhnlicher Gilb- 235

Wicke
- Rauhhaarige 31

- Viersamige 27
- Vogel- 30
- Wilde Futter- 28
- Zaun- 29
- Zitter- 31

Wiesenknopf
- Großer 82
- Kleiner 83

Wiesenraute, Gelbe 101
Winde, Acker- 24
Witwenblume 180
Wohlverleih, Berg- 237
Wolfsmilch
- Warzen- 219
- Zypressen 218

Wolfstrapp 182
Wucherblume 175

Ziest, Heil- 150
Zweiblatt, Eiförmiges 202

Die nachfolgenden Unterarten der oben angeführten Arten sind auch in der »Roten Liste« (Anonymus 1992) enthalten:

Bärenklau, Grünblütiger 85
Gänsekresse, Gerards 170
Kugelrapunzel
- Kugelige Teufelskralle 163
- Zarte Teufelskralle 163

Kreuzblume, Gemeine Flügel- 216
Veilchen, Schultz' 146
Wegerich, Salz-Breit- 208

6.02 Botanische Bezeichnung

Die Zahlen entsprechen der Kennung im Text und den Abbildungen. Bei den hervorgehobenen Namen handelt es sich um Pflanzen, die als gefährdet eingestuft sind.

Achillea
- *millefolium* 77
- *ptarmica* 173

Aegopodium podagraria 64
Agrimonia eupatoria 91
Ajuga reptans 192
Alchemilla xanthochlora 138
Anemone nemorosa 65
Angelica sylvestris 102
Antennaria dioica 220
Anthriscus syevestris 103
Anthyllis vulneraria 68
Arabis hirsuta 170
Arnica montana 237
Asperula cynanchica 32

Bellis perennis 165
Botrychium lunaria 75

Calamintha acinos 191
Calluna vulgaris 7
Caltha palustris 141
Campanula
- *glomerata* 161
- *patula* 162
- *rapunculus* 164
- *rotundifolia* 217

Capsella bursa-pastoris 171
Cardamine pratensis 80
Carlina
- *acaulis* 23
- *vulgaris* 20

Carum carvi 97
Centaurea

- *jacea* 177
- *nigra* 178
- *scabiosa* 124

Cerastium
- *arvense* 247
- *holosteoides* 248

Chaerophyllum hirsutum 104
Chrysanthemum
- *leucanthemum* 175
- *vulgare* 93

Cichorium intybus 121
Cirsium
- *acaule* 19
- *arvense* 18
- *dissectum* s. Seite 65
- *oleraceum* 118
- *palustre* 22
- *rivulare* 117
- *tuberosum* 116
- *vulgare* 21

Colchicum autumnale 204
Comarum palustre 81
Convolvulus arvensis 24
Coronilla varia 74
Crepis
- *biennis* 122
- *capillaris* 123
- *mollis* 158
- *paludosa* 157

Cruciata laevipes 34

Dactylorhiza
- *maculata* 205
- *majalis* 206

Daucus carota 98
Dianthus
- *carthusianorum* 253
- *deltoides* 254
- *superbus* s. Seite 112

Echium vulgare 16
Epilobium palustre 181
Equisetum
- *arvense* 3
- *fluviatile* 1
- *palustre* 2

Erica tetralix 6
Eryngium campestre 17
Eupatorium cannabinum 42
Euphorbia
- *cyparissias* 218
- *verrucosa* 219

Euphrasia spec. 195

Ficaria verna *139*
Filipendula
- *ulmaria* *89*
- *vulgaris* *92*

Fragaria vesca *55*

Galium
- *aparine* 36
- *boreale* 35
- *harcynicum* 40
- *mollugo* 41
- *palustre* 33
- *pumilum* 39
- *uliginosum* 37
- *verum* 38

Genista
- *germanica* 5
- *pilosa* 12
- *sagittalis* 8
- *tinctoria* 11

Gentiana
- *campestris* s. Seite 112
- *ciliata* 256
- *germanica* 257
- *pneumonanthe* 255

Geranium
- *dissectum* 107
- *molle* 105
- *palustre* 109
- *pratense* 110
- *pusillum* 106
- *sylvaticum* 108

Geum rivale 88
Glechoma hederacea 143
Globularia punctata 215

Gnaphalium
- *sylvaticum* 222
- *uliginosum* 221

Helianthemum nummularium 232
Heracleum sphondylium 85
Hieracium
- *lactucella* 214
- *laevigatum* 160
- *pilosella* 213
- *umbellatum* 159

Hippocrepis comosa 73
Hydrocotyle vulgaris 152
Hypericum
- *maculatum* 245
- *perforatum* 244
- *pulchrum* 243
- *tetrapterum* 246

Hypochoeris radicata 154

Inula salicina 174

Knautia arvensis 180

Lathyrus
- *linifolius* 67
- *palustris* 25
- *pratensis* 26
- *Leontodon*
- *autumnalis* 120
- *hispidus* 155

Linaria vulgaris 227
Linum catharticum 252
Listera ovata 202
Lotus
- *corniculatus* 70
- *uliginosus* 71

Lychnis flos-cuculi 242
Lycopus europaeus 182
Lysimachia
- *nummularia* 135
- *vulgaris* 235

Lythrum salicaria 234

Medicago
- *falcata* 62
- *lupulina* 61
- *varia* 63

Melandrium rubrum 236
Mentha
- *aquatica* 188
- *arvensis* 189

Menyanthes trifoliata 43
Meum athamanticum 95
Myosotis
- *arvensis* 228
- *palustris* 229

Odontites vulgaris 186
Oenanthe fistulosa 96
Onobrychis viciifolia 72
Ononis
- *repens* 9
- *spinosa* 4

Origanum vulgare 187

Parnassia palustris 131
Pastinaca sativa 87
Pedicularis
- *palustris* 79
- *sylvatica* 78

Petasites hybridus 137
Phyteuma
- *nigrum* 144

orbiculare 163
- *spicatum* 145

Picris hieracioides 156
Pimpinella
- *major* 86
- *saxifraga* 76

Pinguicula vulgaris 212
Plantago
- *lanceolata* 207
- *major* 208
- *media* 209

Platanthera
- *bifolia* 203
- *chlorantha* s. Seite 96

Polygala
- *amara* 216
- *comosa* s. Seite 105
- *serpyllifolia* 231
- *vulgaris* 230

Polygonum
- *amphibium* 134
- *aviculare* 172
- *bistorta* 132
- *hydropiper* 223
- *persicaria* 224

Potentilla
- *anserina* 90
- *erecta* 56
- *reptans* 57
- *sterilis* 54
- *tabernaemontani* 58

Primula
- *elatior* 168
- *farinosa* 166
- *veris* 167

Prunella
- *grandiflora* 194
- *vulgaris* 193

Pulsatilla vulgaris 94

Ranunculus
- *acris* 115
- *auricomus* 111
- *bulbosus* 112
- *flammula* 176
- *nemorosus* 114
- *repens* 66

Rhinanthus
- *minor* 184
- *serotinus* 183

Rorippa sylvestris 126

Rumex
- *acetosa* 130
- *acetosella* 129
- *crispus* 148
- *obtusifolius* 133
- *thyrsiflorus* s. Seite 74

Salvia pratensis 149

Sanguisorba
- *minor* 83
- *officinalis* 82

Sarothamnus scoparius 10

Saxifraga granulata 142

Scabiosa columbaria 127

Scorzonera humilis 201

Scutellaria galericulata 151

Sedum
- *acre* 210
- *reflexum* 211

Selinum carvifolia 100

Senecio
- *aquaticus* 169
- *erucifolius* 125
- *jacobaea* 128

Serratula tinctoria 153

Silaum silaus 99

Silene
- *nutans* 240
- *vulgaris* 249

Stachys officinalis 150

Stellaria
- *graminea* 251
- *media* 239
- *palustris* 250

Succisa pratensis 238

Symphytum officinale 225

Tanacetum vulgare 93

Taraxacum officinale 119

Tetragonolobus maritimus 69

Teucrium chamaedrys 190

Thesium pyrenaicum 226

Thymus
- *pulegioides* s. Seite 106
- *serpyllum* 233

Tragopogon pratensis 200

Trifolium
- *arvense* 52
- *aureum* 50
- *campestre* 60
- *dubium* 59
- *fragiferum* 47

- *hybridum* 48
- *medium* 45
- *montanum* 51
- *pratense* 44
- *repens* 46
- *spadiceum* 49
- *striatum* 53

Trollius europaeus 113
Tussilago farfara 136

Urtica dioica 15

Vaccinium
- *myrtillus* 14
- *vitis-idaea* 13

Valeriana
- *dioica* 179
- *officinalis* 84
- *sambucifolia* s. Seite 54

Veronica
- *arvensis* 198
- *chamaedrys* 199
- *filiformis* s. Seite 95
- *officinalis* 196
- *scutellata* 185
- *serpyllifolia* 197

Vicia
- *cracca* 30
- *hirsuta* 31
- *sativa ssp. angustifolia* 28
- *sepium* 29
- *tetrasperma* 27

Viola
- *canina* 146
- *hirta* 147
- *palustris* 140

Viscaria vulgaris 241

Die nachfolgenden Unterarten der oben angeführten Arten sind in der »Roten Liste« (Anonymus 1992) enthalten:

Arabis hirsuta ssp. geradii 170
Heracleum sphondylium ssp. flavescens 85
Phyteuma orbiculare 163
- *ssp. orbiculare* 163
- *ssp. tenerum* 163

Plantago major ssp. winteri 208
Polygala amara ssp. brachyptera 216
Viola canina ssp. schultzii 146